U0100790

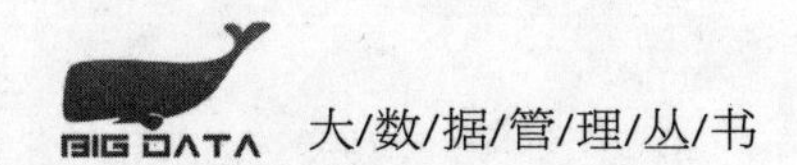

位置大数据隐私管理

潘晓　霍峥　孟小峰　编著

图书在版编目（CIP）数据

位置大数据隐私管理 / 潘晓，霍峥，孟小峰编著．—北京：机械工业出版社，2017.3
（大数据管理丛书）

ISBN 978-7-111-56213-9

I. 位… II. ① 潘… ② 霍… ③ 孟… III. 数据管理 IV. TP274

中国版本图书馆 CIP 数据核字（2017）第 040463 号

本书在介绍了位置大数据等基本概念的基础上，总结归纳了传统位置隐私保护研究中经典的攻击模型和保护模型，详细介绍了若干基于数据失真的保护方法和基于数据加密的方法。全书共 6 章，内容包括位置隐私与隐私保护、典型攻击模型和隐私保护模型、快照位置隐私保护方法、动态位置隐私保护、连续轨迹数据隐私保护和面向隐私的查询处理技术。

本书可作为普通高等院校计算机和信息技术相关专业的大数据研究生课程的教材使用，也可供从事计算机相关的科研人员和学者作为技术参考。

出版发行：机械工业出版社（北京市西城区百万庄大街 22 号　邮政编码：100037）
责任编辑：佘　洁　　责任校对：李秋荣
印　　刷：北京诚信伟业印刷有限公司　　版　　次：2017 年 5 月第 1 版第 1 次印刷
开　　本：170mm×242mm　1/16　　印　　张：11
书　　号：ISBN 978-7-111-56213-9　　定　　价：69.00 元

凡购本书，如有缺页、倒页、脱页，由本社发行部调换
客服热线：（010）88378991　88361066　　投稿热线：（010）88379604
购书热线：（010）68326294　88379649　68995259　　读者信箱：hzjsj@hzbook.com

丛书前言

当下大数据技术发展变化日新月异，大数据应用已经遍及工业和社会生活的方方面面，原有的数据管理理论体系与大数据产业应用之间的差距日益加大，而工业界对于大数据人才的需求却急剧增加。大数据专业人才的培养是新一轮科技较量的基础，高等院校承担着大数据人才培养的重任。因此大数据相关课程将逐渐成为国内高校计算机相关专业的重要课程。但纵观大数据人才培养课程体系尚不尽如人意，多是已有课程的“冷拼盘”，顶多是加点“调料”，原材料没有新鲜感。现阶段无论多么新多么好的人才培养计划，都只能在20世纪六七十年代编写的计算机知识体系上施教，无法把当下大数据带给我们的新思维、新知识传导给学生。

为此我们意识到，缺少基础性工作和原始积累，就难以培养符合工业界需要的大数据复合型和交叉型人才。因此急需在思维和理念方面进行转变，为现有的课程和知识体系按大数据应用需求进行延展和补充，加入新的可以因材施教的知识模块。我们肩负着大数据时代知识更新的使命，每一位学者都有责任和义务去为此“增砖添瓦”。

在此背景下，我们策划和组织了这套大数据管理丛书，希望能够培养数据思维的理念，对原有数据管理知识体系进行完善和补充，面向新的技术热点，提出新的知识体系/知识点，拉近教材体系与大数据应用的距离，为受教者应对现代技术带来的大数据领域的新问题和挑战，扫除障碍。我们相信，假以时日，这些著作汇溪成河，必将对未来大数据人才培养起到“基石”的作用。

丛书定位：面向新形势下的大数据技术发展对人才培养提出的挑战，旨在为学术研究和人才培养提供可供参考的“基石”。虽然是一些不起眼的“砖头瓦块”，但可以为大数据人才培养积累可用的新模块（新素材），弥补原有知识体系与应用问题之前的鸿沟，力图为现有的数据管理知识查漏补缺，聚少成多，最终形成适应大数据技术发展和人才培养的知识体系和教材基础。

丛书特点：丛书借鉴 Morgan & Claypool Publishers 出版的 Synthesis Lectures on Data Management，特色在于选题新颖，短小精湛。选题新颖即面向技术热点，弥补现有知识体系的漏洞和不足（或延伸或补充），内容涵盖大数据管理的理论、方法、技术等诸多方面。短小精湛则不求系统性和完备性，但每本书要自成知识体系，重在阐述基本问题和方法，并辅以例题说明，便于施教。

丛书组织：丛书采用国际学术出版通行的主编负责制，为此特邀中国人民大学孟小峰教授（email：xfmeng@ruc.edu.cn）担任丛书主编，负责丛书的整体规划和选题。责任编辑为机械工业出版社华章分社姚蕾编辑（email：yaolei@hzbook.com）。

当今数据洪流席卷全球，而中国正在努力从数据大国走向数据强国，大数据时代的知识更新和人才培养刻不容缓，虽然我们的力量有限，但聚少成多，积小致巨。因此，我们在设计本套丛书封面的时候，特意选择了清代苏州籍宫廷画家徐扬描绘苏州风物的巨幅长卷画作《姑苏繁华图》（原名《盛世滋生图》）作为底图以表达我们的美好愿景，每本书选取这幅巨卷的一部分，一步步见证和记录数据管理领域的学者在学术研究和工程应用中的探索和实践，最终形成适应大数据技术发展和人才培养的知识图谱，共同谱写出我们这个大数据时代的盛世华章。

在此期望有志于大数据人才培养并具有丰富理论和实践经验的学者和专业人员能够加入到这套书的编写工作中来，共同为中国大数据研究和人才培养贡献自己的智慧和力量，共筑属于我们自己的“时代记忆”。欢迎读者对我们的出版工作提出宝贵意见和建议。

大数据管理丛书

主编：孟小峰

大数据管理概论

孟小峰　编著

2017年5月

异构信息网络挖掘：原理和方法

[美] 孙艺洲（Yizhou Sun）　韩家炜（Jiawei Han）　著

段磊　朱敏　唐常杰　译

2017年5月

大规模元搜索引擎技术

[美] 孟卫一（Weiyi Meng）　於德（Clement T. Yu）　著

朱亮　译

2017年5月

大数据集成

[美] 董欣（Xin Luna Dong）　戴夫士·斯里瓦斯塔瓦（Divesh Sriva-tava）　著

王秋月　杜治娟　王硕　译

2017年5月

短文本数据理解

王仲远　编著

2017 年 5 月

个人数据管理

李玉坤　孟小峰　编著

2017 年 5 月

位置大数据隐私管理

潘晓　霍峥　孟小峰　编著

2017 年 5 月

移动数据挖掘

连德富　张富峥　王英子　袁晶　谢幸　编著

2017 年 5 月

云数据管理：挑战与机遇

[美] 迪卫艾肯特 · 阿格拉沃尔（Divyakant Agrawal）　苏迪皮托 · 达斯（Sudipto Das）　阿姆鲁 · 埃尔 · 阿巴迪（Amr El Abbadi）　著

马友忠　孟小峰　译

2017 年 5 月

前 言

大数据时代，移动通信和传感设备等位置感知技术的发展将人和事物的地理位置数据化，与用户位置相关的数据通过各种各样的服务以多种形式产生。例如，用户通过“签到”等移动社交网络服务（如Foursquare、Yelp、Flicker等）以文本、图片形式主动发布时空的行为。再如，通过用户手机通话、短信等记录，个人位置数据由基站自动隐式收集。无论自动发布还是被动收集的位置数据均具有规模大、产生速度快、蕴含价值高等特点。瑞典市场研究公司Berg Insight发布的最新报告预测，全球基于位置服务的市场规模到2020年将达到348亿欧元。位置大数据中蕴含人类行为的特征，在疾病传播、贫困消除、城市规划等重大社会科学问题以及路线推荐、乘车出行等重要生活应用中发挥了关键作用。

然而，位置大数据在带给人们巨大收益的同时，也带来了个人信息泄露的危害。这是因为位置大数据直接或间接包含了个人身份、行动目的、健康状况、兴趣爱好等多方面的敏感隐私信息。位置大数据的不当使用会给用户各方面的隐私带来严重威胁。已有的一些案例说明了隐私泄露的危害，如：某知名移动应用由于不注意保护位置数据，导致根据三角测量方法可以推断出用户的家庭住址等敏感位置，引发多起犯罪案件；某著名移动设备厂商曾在未获得用户允许的情况下大量收集用户的位置数据，攻击者可以通过这些位置数据推测用户的身体状况等个人敏感信息。我国在十一届全国人大常委会第三十次会议上审议了《关于加强网络信息保护的决定草案》的议案，将个人信息保护纳入国家战略资源的保护和规划范畴，体现了国家对个人隐私保护问题的重视。随着个人隐私观念的增强以及相关法律法规的健全，如何在大数据多源数据融合的环境下既不泄露用户隐私又能提高位置大数据的利用率，如何保证在牺牲最小代价的前提下既满足服务质量要求又保护个人隐私，成为位置大数据隐私保护的研究重点。

本书的内容和组织结构

本书系统地介绍了位置大数据、基于位置服务、位置隐私等相关概念，总结归纳了传统位置隐私保护研究中经典的攻击模型和隐私保护模型，并举例说明了不同攻击模型的经典保护方法。随后分别针对用户静态快照位置、动态位置、连续轨迹介绍了相应的隐私保护方法，以及面向隐私的查询处理技术。

本书共分为 6 章，具体如下所示。

第 1 章介绍了位置大数据相关的基本概念、LBS 中的个人隐私保护问题所面临的主要挑战，以及典型的隐私保护技术。

第 2 章对典型攻击模型和相应的隐私保护模型进行了说明。

第 3 章针对用户的快照位置，分别介绍感知服务质量、无精确位置和无匿名区域的位置隐私保护方法。

第 4 章针对用户的动态位置，介绍了 3 种位置隐私保护技术，不仅考虑了移动用户的当前位置，同时顾及了用户的运动模式或未来位置。

第 5 章针对用户的历史位置数据，分别介绍了基于图划分的轨迹隐私保护技术、区分位置敏感度的轨迹隐私保护技术和基于前缀树的轨迹隐私保护方法。

第 6 章介绍一类在完全不泄露用户敏感查询信息的前提下，针对常见移动查询类型的面向隐私的查询处理技术。

致谢

孟小峰教授领导的中国人民大学网络与移动数据管理实验室自 2006 年即开始关注隐私保护这一领域的研究，先后针对位置数据隐私、轨迹数据隐私和位置大数据隐私等问题展开研究，取得了一系列研究成果，先后培养了多位隐私保护方面的博士。本书即是作者在多年研究成果的基础之上总结整理而成的。

首先感谢国家基金委和国家 863 计划的一贯支持，在连续十年间的研究中得到如下项目的资助：

2016～2020 年，国家自然基金重点项目“大规模关联数据管理的关键技术研究”，编号：61532010。国家自然科学基金重大研究计划“大数据驱动的管理与决策研究”重点项目“大数据开放与治理中的隐私保护关键技术研究”，编号：91646203。

2014～2017 年，国家自然基金面上项目“面向移动用户的 Web 集成技术研究”，编号：61379050。

2014～2016 年，国家自然基金青年项目“基于位置服务在受限网络中的个人隐私保护技术研究”，编号：61303017。

2011～2013 年，国家自然基金面上项目“Web 信息可信性研究”，编号：61070055。

2009～2011 年，国家 863 计划重点项目“普适计算基础软硬件关键技术及系统”课题“隐私保护技术”，编号：2009AA011904。

2014～2016 年，河北省自然科学基金面上项目和青年项目“基于位置服务中的隐私保护技术研究”，编号：F2014210068；“道路网络中轨迹隐私保护技术研究”，编号：F2015207009；“基于大数据的移动商务隐私感知推荐技术研究”，编号：F2015210106。

本书的形成凝聚了实验室的集体智慧。特别感谢实验室的博士生和硕士生们的工作，其中包括硕士生尹少宜、肖珍、谢敏、黄毅，以及博士生潘晓、霍峥、张啸剑、王璐等。潘晓和霍峥博士直接参与本书的写作，孟小峰教授负责审阅全书。

本书可作为普通高等院校计算机和信息技术相关专业的大数据研究生课程的教材，也可供从事计算机相关专业的技术人员和学者作为参考书。

感谢机械工业出版社华章公司的编辑们，他们在全文的校对和编辑出版过程中付出了巨大的努力。因作者水平有限，书中错误在所难免，恳请批评指正。

作　者

2016 年 10 月

‖作者简介

潘　晓　石家庄铁道大学经济管理学院，副教授，商务信息系主任，中国人民大学计算机应用专业博士，师从孟小峰教授。曾在美国伊利诺伊大学芝加哥分校访学一年（2015-2016）。主要研究兴趣包括：数据管理，移动计算、隐私保护等。主持和参加了国家和省部级科研项目4项；在国际顶级或国内重要学术期刊和会议上发表学术论文近20篇；获国家专利3项；获北京市科技进步奖二等奖（排名第四）；2014年被评为石家庄市青年拔尖人才，2015年入选河北省“三三三人才工程”(第三层)，2016年入选石家庄铁道大学第四届优秀青年科学基金项目。

霍　峥　河北经贸大学讲师，中国人民大学计算机软件与理论专业博士，师从孟小峰教授。目前从事计算机软件与理论方向的教学与研究。主要讲授的课程包括：数据库原理、数据结构、离散数学等。主要研究方向：移动对象数据管理、位置与轨迹隐私保护技术等。主持和参与了多项国家级科研项目的研究工作，发表论文10余篇，获省部级奖励1项。

孟小峰　中国人民大学信息学院教授，博士生导师。现为中国计算机学会会士、中国保密协会隐私保护专业委员会副主任、《Journal of Computer Science and Technology》、《Frontiers of Computer Science》、《软件学报》、《计算机研究与发展》等编委。先后获中国计算机学会“王选奖”一等奖(2009)，北京市科学技术奖二等奖（2011）等奖励，入选“第三届北京市高校名师奖”（2005）。发表论文200余篇，获得国家专利授权12项。近期主要研究领域为网络与移动大数据管理，包括Web数据管理、云数据管理、面向新型存储器的数据库系统、大数据隐私管理、社会计算等。

目　录

Ⅱ第 1 章

位置信息与隐私保护

1.1 位置大数据

移动通信和传感设备等位置感知技术的发展将人和事物的地理位置数据化。移动对象的传感芯片以直接或间接的方式收集移动对象的位置数据，其自动采集位置信息的速度和规模远远超过现有系统的处理能力。据统计，每个移动对象平均 15 s 提交一次当前位置，这样算来，全球上亿手机、车载导航设备等移动对象每秒提交的位置信息将超过一亿条[3]。未来移动传感设备的进步和通信技术的提升将使位置信息的产生更频繁。这类具有规模大、产生速度快、蕴含价值高等特点的位置数据被称为位置大数据[23,24]。位置大数据具有以下 4 个特征。

- 数据规模大：数据规模大小决定了数据价值和潜在信息。据统计，Facebook 提供的 Places 功能，每天处理的签到（check-in）信息近 200 万条，具有位置标签的文本信息约为 2 000 万条。再如，北京有 60 000 辆出租车，每辆汽车每 10 s 进行一次位置更新，每天工作 10 h，1 天将产生 5 GB 的位置数据[23]。

- 产生速度快：由于位置“实时”更新，位置数据更新具有数据流的特点。例如，某著名手机的定位服务中，与运动相关的应用记录了用户每天的锻炼数据，包括行走步数、跑步距离等，一天当中的所有行踪无一遗漏被记录。再如，全球最大的社区化交通导航应用程序 Waze，通过实时收集用户遇到的警察、事故、交通堵塞等交通道路信息，为用户规划最佳行驶路线。该应用拥有 5 000 多万用户，其中每天 150 万用户实时在线。
- 数据类型多样：位置信息的表现形式包括数字、文本、图片等。具体来说，位置可以以经纬度坐标等数字形式呈现；可能是街道名、城市名、邮编等文本信息；抑或是蕴含于用户在社交媒体网站上发布和共享的照片或视频中。
- 数据不确定性：位置数据在收集、处理和建模等方面均具有不确定特点。例如，受位置收集精度所限，数据收集之初就是粗粒度位置。有些应用仅要求用户提供所在城市，而无须具体到经纬度。在连续收集用户轨迹过程中，由于中途设备故障或障碍等原因，可能导致部分位置信息缺失。另外，某些位置数据的不确定是由人为错误造成的，如用户在填写与位置相关的信息时，故意给出错误国家或城市。

位置大数据为人们的生活、企业的运作以及科学研究带来巨大的变革。从个人生活层面上讲，通过推测一个人居住的地点和每天常去的地方，可以为用户提供更便捷的服务。例如，总部位于亚特兰大的 AirSage 公司每天通过处理来自上百万手机用户的 150 亿条位置信息，为美国超过 100 个城市提供实时交通信息。从企业角度来看，位置大数据改变了企业商业运作方式，促进了新型市场的形成与增长。例如，Pyramid Research 的调查报告显示，2010 年诸如导航或移动社交网络等基于位置的服务已具有 28 亿美元的市场。据瑞典市场研究公司 Berg Insight 发布的最新报告，预测全球 LBS 市场规模到 2020 年将达到 348 亿欧元。联合包裹运输公司（UPS）收集自己旗下运输车辆的行驶信息为它们提供最佳行车路线以减少燃油、故障成本，在商业模式上取得了巨大成功。从科学发展的角度看，位置大数据为科学研究提供了新的方法。例如，无线数据科技公司 Jana 使用大约 35 亿人口的手机数据试图回答疾病如何传播以及城市如何繁荣这些重大科学问题，该数据来自 100 多个国家，超过 200 个无线运营商，覆盖拉丁美洲、非洲、欧洲。

位置大数据在带给人们巨大收益的同时，也带来了个人信息泄露的危害。位置大数据既直接包含用户的隐私信息，又隐含了用户的个性习惯、健康状况、社会地位等其他敏感信息。位置大数据的不当使用，会给用户各方面的隐私带来严重威胁。例如，某知名移动应用由于不注意保护位置信息，导致根据三角测量方法可以推断出用户的家庭住址等敏感位置，已引发了多起犯罪案件。2014 年，iPhone 用户隐私泄露事件披露出苹果公司曾私自记录用户每次使用 LBS（基于位置的信息服务）应用时的位置信息，从而造成用户的大量位置信息泄露。来自微软的一项调查报告显示，有一半以上的用户担心自己在使用基于位置的服务时泄露自己的隐私。因此，在用户使用 LBS 应用时，如何保护用户的个人隐私成为一个亟待解决的问题。

本书给出了传统位置隐私管理中的位置隐私等相关概念，介绍了典型的隐私保护技术，总结归纳了传统位置隐私保护研究中经典的攻击模型和隐私保护模型，并利用一些简单例子说明不同攻击模型的经典保护方法，其中重点讲解了基于数据失真的保护方法（第 3～5 章）和基于数据加密的方法（第 6 章）。接下来，本书从需要用到的概念和定义开始阐述。

1.2　概念与定义

1.2.1　位置表示与定位技术

位置通常由三元组(x, y, t)表示，其中(x, y)表示移动对象所在的经纬度或者在某个参考坐标系（如 UTM 坐标系)下的坐标值，t 表示时刻。表 1-1 展示移动对象 O_1、O_2、O_3 在 t_1、t_2、t_3 时刻的位置。以 O_1 为例，在 t_1 时刻，O_1 的位置坐标是(1, 2)；在 t_2 时刻，O_1 的位置坐标是(3, 3)等。

一个用户在不同时刻的位置组成该用户的轨迹。轨迹是移动对象的位置信息按时间排序形成的序列。通常情况下，一条轨迹可表示为：

$$T = \{\text{id}, (x_1, y_1, t_1), (x_2, y_2, t_2), \cdots, (x_n, y_n, t_n)\}$$

其中，id 是轨迹标识，它通常代表某个移动对象、某个个体或使用某种服务的用户。如表 1-1 中对象 O_1 的轨迹可以表示为 $\{O_1, (1, 2, t_1), (3, 3, t_2), (5, 3, t_3)\}$。一般情况下，被收集到的轨迹数据是静态的，也就是离线数据，若移动对象仍在运行中，那么轨迹就是增量更新的动态数据，也即在线数据。

表1-1 位置与轨迹实例

标识	位置			轨迹
O_1	$(1, 2, t_1)$	$(3, 3, t_2)$	$(5, 3, t_3)$	$\{O_1, (1, 2, t_1), (3, 3, t_2), (5, 3, t_3)\}$
O_2	$(2, 3, t_1)$	$(2, 7, t_2)$	$(3, 8, t_3)$	$\{O_2, (2, 3, t_1), (2, 7, t_2), (3, 8, t_3)\}$
O_3	$(1, 4, t_1)$	$(3, 6, t_2)$	$(5, 8, t_3)$	$\{O_3, (1, 4, t_1), (3, 6, t_2), (5, 8, t_3)\}$

文献[34]总结了目前常用的 5 种定位方法。

1）全球定位系统（Global Positioning System，GPS）。通过卫星与移动设备通信，根据多个卫星与同一移动设备之间的通信延迟，使用三角测量方法获得移动物体的经纬度，精度可达 5 m 以下。GPS 定位是目前最为精准的经纬度定位方法。但是，该方法的缺陷是无法实现室内定位。

2）WiFi 定位。建立 WiFi 访问点与它们的准确位置之间的对应关系并事先存于数据库。当移动对象连接到某个 WiFi 访问点时，用户的位置可以通过访问数据库中相对应的表查出较精确的经纬度，如 Google WiFi 定位。WiFi 定位的精度在 1～10 m 范围内。

3）三角测量法。三角测量在三角学与几何学上是借由测量目标点与固定基准线的已知端点的角度，测量目标距离的方法。当移动设备位于 3 个手机基站的信号范围内时，三角测量可以获得用户的经纬度。三角测量法和 WiFi 定位避免了 GPS 系统无法在室内进行定位的缺点。

4）IP 地址定位。移动设备接入互联网时会被分配一个 IP 地址，IP 地址的分配是与地域有关的。利用已有的 IP 地址与地区之间的映射关系，可以将移动对象的位置定位到一个城市大小的地域。

5）其他定位方法。最近的研究显示，通过传感器捕获的加速度、光学影像等信息，可以用于识别用户的位置信息[32,35,1]。

1.2.2　基于位置服务

获得移动对象的位置后，用户可以提出与位置相关的查询，即基于位置的信息服务（Location Based Services，LBS）。基于位置的信息服务是将一个移动设备的位置或者坐标和其他信息整合起来，为用户提供增值服务。从定义可以看出，用户位置是该服务中一个重要因素。

LBS 最初应用于军事领域，美国国防部利用 GPS 全球卫星定位系统对锁定目标进行跟踪、监控。其真正得到发展是在 1996 年，美国联邦通信委员会（FCC）公布了 E911 定位需求，要求网络运营商必须能对发出 E911 紧急呼叫的移动设备用户提供精度定位服务。后来，欧洲和日本也提出了类似的要求，最终促成了 LBS 的出现。随后，定位系统、通信和 GIS 领域的快速发展刺激了该行业从业者对 LBS 的想象力，各商业公司开始广泛利用该项服务，依照移动用户的地理位置为其提供量身定制的服务，包括定位、追踪和导航等。

按照服务面向的对象，LBS 可以分为面向用户和面向设备两类[33]。两类服务的主要区别在于：面向用户的 LBS，被定位用户对服务拥有主控权；面向设备的 LBS，被定位用户或物品属于被动定位，其对服务无主控权。按照服务的推送方式，LBS 应用可以分为 Push 服务和 Pull 服务。前者是被动接受，后者是主动请求。以 4 个例子说明上述分类，如表 1-2 所示。当你进入某城市时接到欢迎信息属于面向用户（你）的 Push 服务（欢迎信息被主动推送到你的移动设备上）；而你在该城市主动提出寻找最近餐馆属于面向用户（你）的 Pull 服务；假如你是某物流公司老板，当你的公司负责运输的货物偏离预计轨道时将向你发出警报信息，这属于面向设备（货物）的 Push 服务（消息被推送到物流公司老板的移动设备上）；如果你主动请求察看货物运送卡车目前所在位置属于面向设备（货物）的 Pull 服务。

表1-2　LBS应用分类

	Push服务	Pull服务
面向用户服务	当你进入某城市时接到欢迎信息	请求查找最近餐馆
面向设备服务	在货物追踪应用中，当货物运送偏离预计轨道时给予警报信息	请求查找卡车现在所在位置

1.3　LBS 中的个人隐私与挑战

1.3.1　个人隐私

隐私是指个人或机构等实体不愿意被外界获知的私密信息。在具体应用中，隐私即数据所有者不愿意被披露的敏感信息，包括敏感数据以及数据所表征的特性，如病人的患病记录、财务信息等。信息隐私是由个人、组织或机构定义的何时、何地、用何种方式与他人共享信息，以及共享信息的内容。个人隐私即不愿意被披露的个人敏感信息，如个人的收入水平、健康状况、兴趣爱好等。由于人们对隐私的限定标准不同，对隐私的定义也有所差异。一般来说，任何可以确认特定某个人的，但个人又不愿意披露的信息都可以称为个人隐私。

很多调查研究显示，消费者非常关注个人隐私保护问题。欧洲委员会通过的《隐私与电子通信法》中对于电子通信处理个人数据时的隐私保护问题给出了明确的法律规定[33]。在 2002 年制定的指令中，对位置数据的使用进行了规范，其中条款 9 明确指出位置数据只有在匿名或用户同意的前提下为有效并必要的服务使用，这突显了位置隐私保护的重要性与必要性。此外，在运营商方面，全球最大的移动通信运营商沃达丰

（vodafone）制定了一套隐私管理业务条例，要求所有为沃达丰客户提供服务的第三方必须遵守，这体现了运营商方面对于隐私保护的重视。

那么，基于位置服务中的隐私内容是什么呢？在基于位置的服务中，敏感数据可以是有关用户的时空信息，可以是查询请求内容中涉及医疗或金融的信息，可以是推断出的用户的运动模式（如经常走的道路以及经过频率）、用户的兴趣爱好（如喜欢去哪个商店、哪种俱乐部、哪个诊所等）等个人隐私信息。下面用一个例子说明 LBS 中的隐私保护内容。

张某利用带有 GPS 的手机提出“寻找距离我现在所在位置最近的中国银行”。形式化地表示该基于位置服务中的查询请求：

（id, loc, query）

其中，id 表示提出位置服务请求的用户标识，例子中 id=“张某”；loc 表示提出位置服务时用户所在的位置坐标(x, y)，例子中 loc=医院经纬度；query 表示查询内容，例子中即“距离我最近的中国银行”。

一般来讲，基于位置服务中的隐私内容包括两个方面。第一，位置信息，即隐藏查询用户的确切位置，如近邻搜索中的用户需要提交他们的当前位置，导航服务中的用户需要提交他们的当前位置和目的位置。大量研究表明，暴露用户的确切位置将导致用户行为模式、兴趣爱好、健康状况和政治倾向等个人隐私信息的泄露[2]。在上面的例子中，张某不想让人知道现在他所在的位置（如医院）即位置信息保护。第二，敏感信息，即隐藏与用户个人隐私相关的敏感信息，如推断用户曾经访问的地点或提出某敏感服务。用户不想让任何人知道自己提出了某方面的查询，如张某不想让人知道自己将去银行进行与金钱相关的交易，即敏感信息保护。其中，位置信息在基于位置服务的隐私保护中具有至关重要的作用。位置不仅是查询处理的必要对象，而且可以作为伪标识符重新识别用户[8]，导致用户敏感信息泄露。

1.3.2　面临的挑战

位置隐私管理中面临的挑战包括以下 3 个方面。

第一，隐私保护与代价是一对矛盾。隐私保护是建立在消耗一定代价的前提下的，这种代价可能是数据可用性、网络带宽、用户或服务提供商付出的努力。例如，在基于数据失真的位置隐私保护技术中代价体现为数据可用性。数据的精确性越高，可用性就越强，但隐私度却越低。再如，隐私保护后由保护后的位置或冗余的查询结果造成的多余网络通信代价也是需要考虑的重要原因之一。因此，隐私保护技术需要在代价和隐私保护之间保持平衡。

第二，位置是时序多维信息。与一般的一维数据不同，在位置隐私中，移动对象的位置信息是多维的，每一维之间互相影响，无法单独处理。因此，需要根据位置信息的多维性特点设计隐私保护方法。此外，位置信息经常发生动态更新，更新位置之间根据时间 t 相互依赖。攻击者可以根据已知位置或运动模式，预测未知或未来的位置。相互依赖的位置信息为攻击者获得用户在某特定时刻的位置提供了更多的背景知识。单点位置上成立的位置隐私保护技术，在面对连续查询的隐私保护或轨迹隐私保护时，不再适用。

第三，位置隐私保护中的即时性特点。基于位置服务是一种在线应用，处理器通常面临着海量移动对象、连续的服务请求以及频繁更新的位置，服务提供商处理的数据量巨大而且数据频繁地变化。在位置大数据的背景下，如何提供高效的位置隐私保护方法？如何在保证攻击者不可区分用户提出的查询情况下，最大化基于位置服务的查询性能，设计和使用不同的索引技术实现不同查询的高效处理？在线环境下，处理器的性能和响应时间是用户满意度的重要衡量标准。

1.4 隐私泄露威胁

归根结底，LBS 的体系结构主要由 4 个部分组成：移动客户端、定位系统、通信网络和 LBS 服务提供商，具体如图 1-1 所示，移动客户端向 LBS 服务提供商发送基于位置信息的查询请求，LBS 服务提供商响应用户的查询请求并通过内部计算得出查询结果，最终将相应查询结果返回给移动客户端。从图 1-1 可以看到，查询请求的发送以及查询结果的返回均是通过通信网络（如 3G、4G 网络）来完成的。其中，移动客户端的位置信息由定位系统提供。

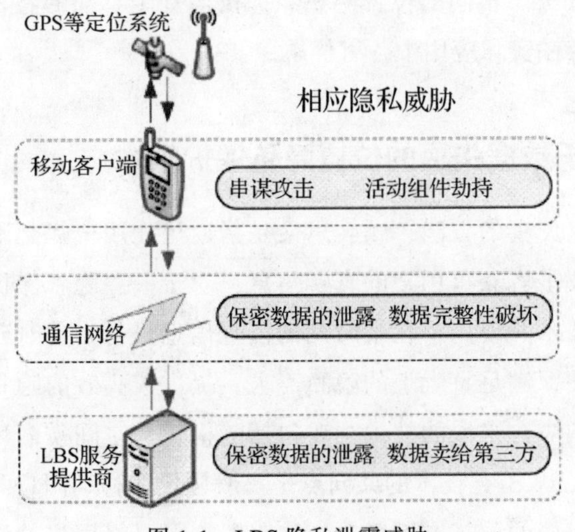

图 1-1　LBS 隐私泄露威胁

相应地，在该体系结构中，用户的隐私泄露威胁存在于以下 3 种情况。第一种情况是用户在移动客户端的隐私泄露。例如，用户的移动设备被捕获或劫持造成的用户私有信息的泄露，这种情况主要通过移动终端的安全机制来进行保护。第二种情况是查询请求和查询结果在通信网络传输的过程中，有可能被窃听或遭受“中间人”攻击导致保密数据的泄露以及数据完整性的破坏，这种情况可以通过网络安全通信协议（如 IPSec、SSL 等协议）来进行抵御。以上两种情况的隐私泄露威胁并不属于本书的研究范围。第三种情况——也就是本书关注的重点——是 LBS 服务提供商端的隐私泄露问题。LBS 服务器一旦拥有了用户的查询内容，就可以对用户的隐私信息进行推测，甚至出于利益原因卖给第三方机构分析使用，从而导致严重的隐私泄露问题。因此，本书关注的内容针对第三种情况，即 LBS 服务提供商作为攻击者的情况下如何对查询用户进行高质量、高效率的隐私保护。

1.5 典型的位置隐私保护技术

传统的 LBS 隐私保护技术可以归纳为 3 类：基于数据失真的位置隐私保护方法、基于抑制发布的位置隐私保护方法以及基于数据加密的位置隐私保护方法。不同的位置隐私保护技术基于不同的隐私保护需求以及实现原理，在实际应用中各有优缺点。

1.5.1 基于数据失真的位置隐私保护技术

基于数据失真的方法，顾名思义是指通过让用户提交不真实的查询内容来避免攻击者获得用户的真实信息。对于一些隐私保护需求不严格的用户，该技术假设用户在某时刻的位置信息只与当前时刻攻击者收集到的数据有关，满足直觉上的隐私需求，提供较高效的隐私保护算法和较快的服务响应。采取的技术主要包括随机化、空间模糊化和时间模糊化 3 种形式。这 3 类技术的共同点是一般假设在移动用户和服务器之间存在一个可信任的第三方服务器，该服务器可以将用户的位置数据或查询内容转换成接近但不真实的信息，然后再提交给服务器。同时，将服务器返回的针对模糊数据的查询结果转化成用户需要的结果。

1. 随机化

随机化是在原始位置数据中加入随机噪声。可信第三方服务器在接收到用户的准确位置后，将噪声和准确位置都发送给服务提供商。在服务提供商返回候选结果集后，可信第三方根据用户的真实位置对候选结果集过滤求精，返回真实的查询结果给相应用户。文献[15]中首次提出了随机化方法，在每一时刻，根据上一时刻的位置按照随机的速度和随机的方向进行移动，并将获得的随机位置点加入到原始数据中进行发布。然而，这些随机位置点组成的历史数据的移动特征与真实移动对象的特征具有很大差别，甚至提交的位置可能是一些实际上不可达的位置，因此很容易被攻击者区分。为此，文献[31]中在产生随机位置数据的时候加入了路网、移动速度等移动特征的约束条件。在文献[15]和[31]中假设物体在不停地移动，文献[17]中考虑到移动对象不会不停地移动，根据移动对象的周围环境等因素让移动对象随机产生停顿，以进一步防止攻击者区分这些噪声。

2. 空间模糊化

空间模糊化通过在一定程度上降低发布位置数据的精度以满足用户隐私需求，具体来讲，即将用户提交的位置精度从一个点模糊到一个区域，以致攻击者无法获得某个用户清晰的位置。图 1-2 是某一时刻标号为 A～E 的 6 个移动用户在空间中的位置。根据四分树（Quad-tree）划分技术[13]，空间被划分成若干区域，用户希望每次发布的位置数据不要准确到区域中只有一个用户。于是，用户 A(B, C)在发布自己的位置时，可以发布左下角阴影区域作为自己的位置；用户 D(E, F)可以发布右上角阴影区域作为自己的位置。假设每个移动对象均向服务提供商发送自己所在的阴影区域来请求近邻查询，服务提供商需要计算包含阴影区域中任何一点的最近邻的区域，返回其中包含的全部用户。例如，对于包含右上角阴影区域的近邻查询，服务器只需要返回阴影区域和黑色区域包含的全部用户，发起查询的用户就可以自行计算出自己的近邻。

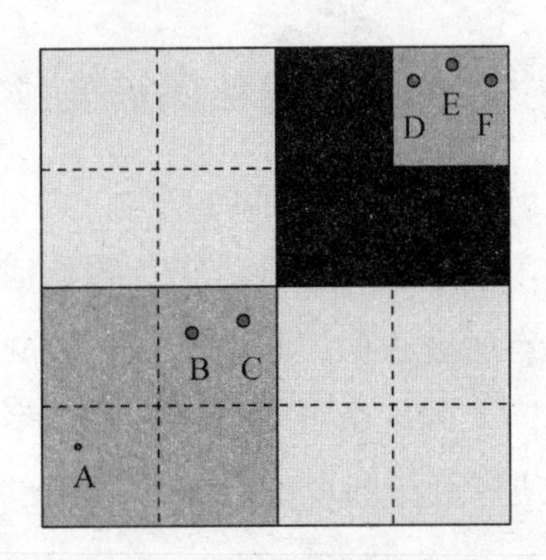

图 1-2　空间模糊化示意图

3. 时间模糊化

时间模糊化通过增加位置数据时间域的不确定性，以减少位置数据的精度。图 1-3 例举了一个简单的时间模糊例子。图 1-3a 是两个移动物体在路网上运动的示意图。物体 1 的移动轨迹用黑色表示，物体 2 的移动轨迹用灰色表示。没有经过时间模糊时，它们要提交的位置信息如图 1-3b 第 1、2 行所示，其中 A、B 和 C 表示物体 1 的位置。假设用户希望 t_2 时刻在黑色框内的用户不唯一，则经过时间模糊后的位置数据如图 1-3b 第 3、4 行所示。在 t_2 时刻，黑色框内物体 1 和物体 2 同时在位置 C 出现，达到了用户的隐私要求。时间模糊化的隐私保护方法易于操作且实际应用通常不需要很大程度的数据改变量，所以它被广泛应用在 LBS 隐私保护中。考虑到移动对象在某些敏感位置和时间域上展现一定的特征，例如，在交通路口当红色交通信号灯亮时，附近的移动对象会在较长时间内没有位置变化。通过对位置数据的时间域进行模糊，能够避免攻击者察觉到用户处于交通路口这一事件的发生[28]。同时，当满足用户隐私要求的区域不存在时，使用时间模糊化可以实现用户的隐私需求[7,29,25]。

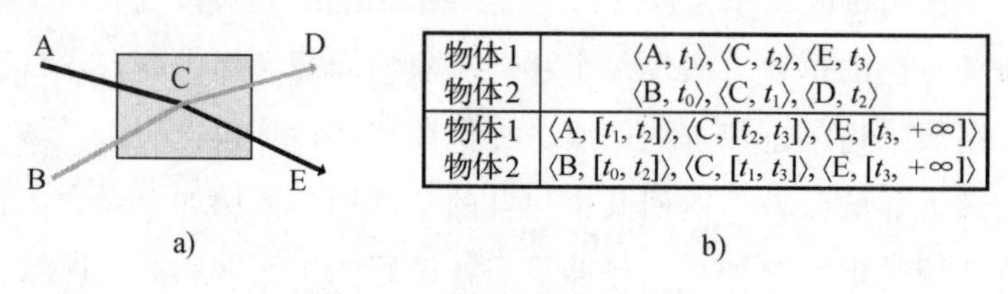

物体1	$\langle A, t_1\rangle, \langle C, t_2\rangle, \langle E, t_3\rangle$
物体2	$\langle B, t_0\rangle, \langle C, t_1\rangle, \langle D, t_2\rangle$
物体1	$\langle A, [t_1, t_2]\rangle, \langle C, [t_2, t_3]\rangle, \langle E, [t_3, +\infty]\rangle$
物体2	$\langle B, [t_0, t_2]\rangle, \langle C, [t_1, t_3]\rangle, \langle E, [t_3, +\infty]\rangle$

图 1-3　时间模糊化示意图

1.5.2　基于抑制发布的位置隐私保护技术

1.5.1 节中介绍的方法只考虑当前时刻的位置是否会暴露用户的敏感位置，然而，用户的隐私信息可能会由于位置数据在时间和空间上的关联而泄露。事实上，有研究表明用户在未经保护的情况下提交查询时，位置数据在时间和空间上的关系可以通过多种模型来刻画。当前主要使用隐马尔可夫模型[5]或一般化图模型[13]来刻画用户的位置数据在时间和空间上的关系。

2012 年，文献[11]中提出了基于隐马尔可夫模型的概率推测抑制法。该方法针对 LBS 应用中用户连续地向服务器发送位置信息的场景，假设攻击者具有足够的背景知识，并对用户提交的每个位置数据推测用户隐私。该工作提出了 Maskit 系统，帮助用户判断提交当前位置数据是否违反用户隐私要求。对于违反隐私要求的位置信息采取概率性的抑制发布策略，以此来保证攻击者无法以较高的后验概率推测出用户处于哪个敏感位置。

图 1-4 是将用户移动模式用隐马尔可夫模型建模的示意图。用户从每天的起始位置开始移动，以后的各个时刻会根据上一时刻用户位置的不同，转移到各个其他位置，其中有些位置是敏感位置（在图中用浅色阴影表示）。转移的概率由模型建立时形成的参数确定。攻击者推测用户处于敏感位置的先验概率是 0.2，假设无论用户处于敏感位置或非敏感位置都以 0.5 的概率发布位置，则当攻击者接收到抑制发布的位置信息时，根据贝叶斯公式，攻击者推测用户处于敏感位置的后验概率为：

$$
\begin{aligned}
& P(\text{用户处于敏感位置}|\text{发布位置信息}) \\
&= \frac{P(\text{用户处于敏感位置且发布位置信息})}{P(\text{用户发布位置信息})} \\
&= \frac{0.2 \times 0.5}{0.2 \times 0.5 + 0.8 \times 0.5} = 0.2
\end{aligned}
$$

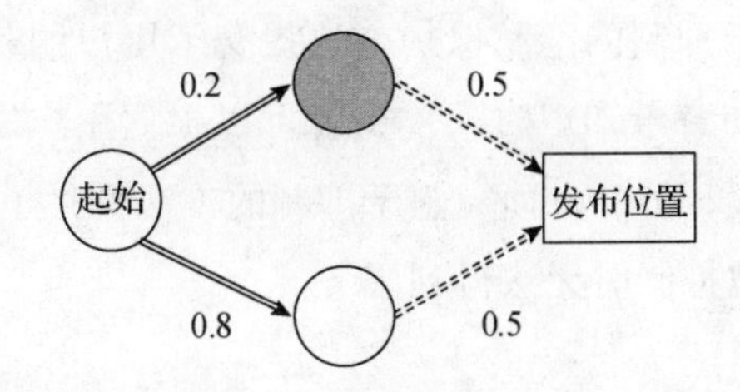

图 1-4　用户移动的隐马尔可夫模型示意图

隐马尔可夫模型认为用户发布的位置数据只与其当前所处的位置有关。这样的假设有利于模型的高效创建，但对用户在某时刻处于某位置的概率计算并不十分准确。考虑到历史数据也会暗示用户当前位置是否敏感，因此历史数据也对当前位置是否能够安全发布具有很大影响。总之，当前时刻所处的位置和之前的历史数据均对是否发布位置数据有影响，且影响基于位置服务的可用性。为此，文献[11]中提出了两种不同的抑制方法，这两种方法针对各自的用户群体具有各自适宜的服务可用性。

第一种抑制方法：设反映对各个位置的发布概率的向量 $\boldsymbol{p}=(p_1, \cdots, p_n)$，其中 p_i 表示用户处于第 i 个位置时以 p_i 的概率发布。方法一从 $\boldsymbol{p}=(0, \cdots, 0)$ 开始（即完全不发布位置信息）。利用 MONDFRIAN 和 ALGPR 等贪心优化方法，逐渐调整各个位置的发布概率。发布概率向量确定后，根据给定的移动轨迹，利用贝叶斯公式和隐马尔可夫模型分别计算用户属于敏感位置的后验概率和先验概率。根据后验概率与先验概率之差，判断 $\boldsymbol{p}$ 是否满足隐私需求，不断调整 $\boldsymbol{p}$ 中各个元素的值直至收敛。在实际运行中，系统按照收敛后的发布概率向量在各个位置上发布用户的位置信息。

第二种抑制方法：根据用户历史位置数据计算用户当前处于敏感位置的先验概率；然后通过考虑未来所有可能的位置发布，计算发布当前位置以后用户在各个时刻处于各个敏感位置的后验概率；与第一种方法类似，根据后验概率与先验概率之差，判断发布当前位置是否违反隐私需求，从而在线决定是否发布该位置。文献[11]将“考虑未来所有可能的位置发布”这样一项时间复杂度极高的任务，简化成了多项式时间内可完成的任务。

一方面，基于抑制的隐私保护方法提交了用户的若干真实查询，当攻击者具有用户的背景知识时，攻击者可以根据用户发布的位置直接得到用户所在的位置；另一方面，基于抑制的方法牺牲了 LBS 应用的可用性，用户在查询被抑制时无法得到服务。

1.5.3 基于数据加密的位置隐私保护技术

1.5.1 节和 1.5.2 节介绍的隐私保护技术通过发布失真位置数据和抑制发布位置数据的方法，达到了对位置大数据隐私保护的目的。然而，这两类方法无法满足具有较高隐私需求用户的要求。基于数据加密的方法是指利用加密算法将用户的查询内容（包括位置属性、敏感语义属性等）进行加密处理后发送给服务提供商。服务提供商根据接收到的数据在不解密的情况下直接进行查询处理。服务提供商返回给客户端的查询结果需要用户根据自己的密钥进行解密，并获得最终的查询结果。在这个过程中，服务提供商因为没有密钥，无法得知用户的具体查询内容，甚至对返回给客户端的查询结果的含义也无法掌握。

最早基于数据加密的方法是通过利用空间填充曲线转换数据空间实现的。Khoshgoz-aran 等人提出了利用 Hilbert 曲线将表示位置信息的二维坐标从二维空间转换到一维空间，利用一维空间的邻近性来解决近邻查询等空间查询问题[18,20]。当用户提出查询请求的时候，将查询位置的二维坐标转换成一维的 Hilbert 值并发送给服务提供商。服务提供商根据在一维空间的值查询出满足条件的对象返回给用户。在此过程中，服务提供商只能返回给用户近似解。同时，该方法因空间填充曲线的局部性和距离维护性会导致潜在的隐私泄露风险。

第二类是利用同态加密等加密工具结合数据库索引技术来防止空间查询处理过程中的隐私泄露。文献[37]提出了基于查询隐私保护的层次型索引结构，可支持多种查询类型。该方法从查询隐私和数据隐私两个方面进行设计，然而该方法依然存在查询关键字的泄露风险。因为提交用户的每个查询后，在服务器端按照算法执行的过程会形成一个访问模式（如访问服务器数据库的次数、单次访问的数据量大小等）。访问模式的不同给攻击者带来了推测隐私的机会。以图 1-5 为例，当用户提出的查询位于兴趣位置点（Point of Interest，POI）分布稀疏和密集的两种情况下，需要的数据页访问数量肯定是不同的。攻击者可根据当前查询的访问模式推测出查询是位于 POI 分布稀疏的区域，还是位于 POI 分布密集的区域，由此会导致隐私泄露。第一类和第二类方法均不能阻止攻击者通过访问模式对用户的查询内容进行推测。

第三类是基于私有信息检索（Private Information Retrieval，PIR）技术的隐私保护方法。PIR 理论最早被应用于访问网络中的外包数据，用户可以检索一个不可信服务器上的任意数据项，而不暴露用户检索的数据项信息[4]。当用户提交查询数据库中索引为 i 的数据块时，PIR 技术可以在服务器不知道用户的查询内容（i）的前提下为用户返回其查询的数据块。基于 PIR 的隐私保护技术大致可以分为 3 类：基于信息论的 PIR 技术、基于计算能力的 PIR 技术以及基于硬件的 PIR 技术。其中后两种被研究者普遍应用于最短路径计算[22]以及近邻查询[12,10,26]计算。

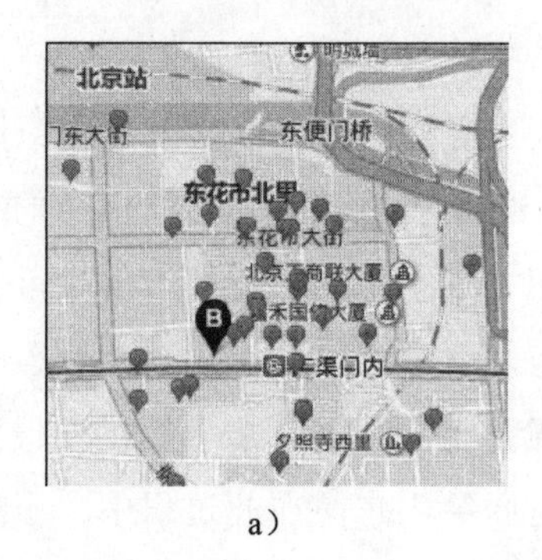

a）

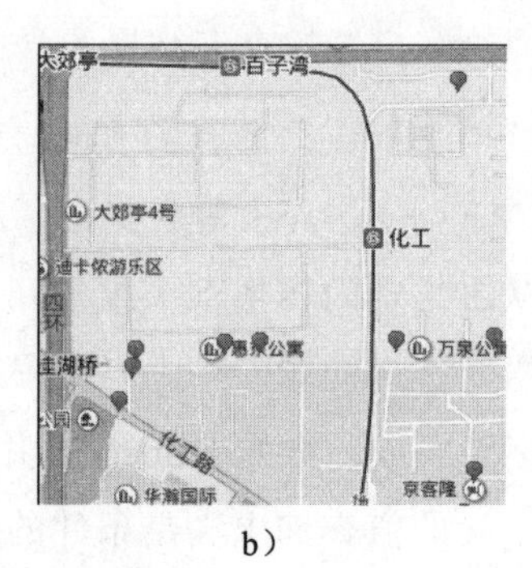

b）

图 1-5　访问模式攻击举例

1.5.4　性能评估与小结

位置数据隐私保护技术需要在保护用户位置隐私的同时兼顾服务可用性以及开销。一般从以下 3 个方面度量位置隐私保护技术的性能：

1）服务的可用性，指发布位置信息的准确度和及时性，反映通过隐私保护技术处理后用户获得的基于位置数据的服务质量。

2）隐私保护程度，通常由隐私保护技术的披露风险来反映。通常，服务的可用性与隐私保护程度之间具有一个权衡，提高隐私保护程度有时会降低服务的可用性。

3）开销，包括预计算和运行时发生的存储和计算代价。存储代价主要发生在预计算时，该代价在现有技术中通常可以接受，并在选择隐私保护技术时被忽略。运行时的计算代价根据位置大数据隐私保护技术的特点，一般利用 CPU 计算时间以及文件块访问次数的时间复杂度进行度量。

每类位置数据隐私保护技术都有不同的特点。表 1-3 从隐私保护度、运行时开销、预计算开销和数据缺失 4 个方面分析比较了现有的各种隐私保护技术。从表 1-3 可以看出，不同方法的适用范围、性能表现等不尽相同。当对位置数据的隐私程度要求较高且对计算开销要求较高时，基于抑制发布的位置大数据隐私保护技术更适合。当关注位置信息的完美隐私保护时，则可以考虑基于数据加密的位置大数据隐私保护技术，这时计算量以及响应时间上的代价较高。基于数据失真的位置隐私保护技术能够以较低的计算开销实现对一般隐私需求的保护。表 1-4 从技术层面对各种方法的优点、缺点以及代表性技术作了进一步的对比显示。

表1-3　位置数据的隐私保护技术性能评估

评估指标 / 隐私保护技术	隐私保护度	运行时开销	预计算开销	数据缺失
基于数据失真的位置隐私保护技术	中	中	低	中
基于抑制发布的位置隐私保护技术	中高	低	高	中
基于数据加密的位置隐私保护技术	高	高	高	低

表1-4　位置数据的隐私保护技术对比分析

对比指标 / 隐私保护技术	主要优点	主要缺点	代表技术
基于数据失真的位置隐私保护技术	计算开销中等，实现简单	位置解析度失真，会受到基于数据特征推测的攻击	k-匿名技术[6] 匿名框技术[13,7] 考虑数据特征的方法[29]
基于抑制发布的位置隐私保护技术	计算开销小，位置发布准确	数据缺失，服务可用性降低，预计算开销大，依赖于位置数据模型，不同的模型需设计不同的算法	基于隐马尔可夫模型[11] 基于图模型[27]
基于数据加密的位置隐私保护技术	完全隐私保护，服务可用性高	预计算代价大，运行时代价大，需要针对应用设计优化方法	针对最短路径[22] 针对最近邻[10,19] 针对k最近邻[26,19]

第2章‖

典型攻击模型和隐私保护模型

本章将对典型攻击模型和相应的隐私保护模型进行说明。攻击模型包括位置连接攻击、位置同质性攻击、查询同质性攻击、位置依赖攻击和连续查询攻击模型。隐私保护模型包括位置 k-匿名模型、位置 l-差异性模型、查询 p-敏感模型和 m-不变性模型。为解释方便，在介绍具体攻击模型和隐私保护模型前，首先介绍一种在基于数据失真的隐私保护技术中广泛使用的经典系统结构——中心服务器结构，如图 2-1 所示。需要说明的是，攻击模型的成立与否与采用的系统结构无关。

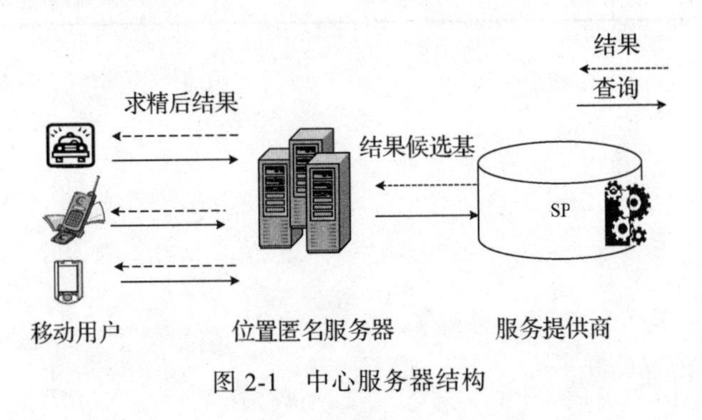

图 2-1　中心服务器结构

中心服务器结构包含移动用户、基于位置的服务器（即服务提供商）和位置匿名服务器。位置匿名服务器位于用户和基于位置的服务器之间，是可信的第三方，其作用是：①接收位置信息，收集移动对象确切的位置信息，并对每一个移动用户的位置更新进行响应；②匿名处理，将确切的位置信息转换为匿名区域；③查询结果求精，从位置数据库服务器返回的候选结果中选择正确的查询结果返回给相应的移动用户。

在中心服务器结构中一个查询请求的处理过程如下：①发送请求，用户发送包含精确位置的查询请求给位置匿名服务器；②匿名，匿名服务器使用某种匿名算法完成位置匿名后，将匿名后的请求发送给提供位置服务的数据库服务器；③查询，基于位置的数据库服务器根据匿名区域进行查询处理，并将查询结果的候选集返回给位置匿名服务器；④求精，位置匿名服务器从候选结果集中挑出真正的结果返回给移动用户。

2.1　位置连接攻击

2.1.1　攻击模型

2003年，Marco Gruteser[8]第一次关注了基于位置服务中的位置隐私保护问题，提出位置连接攻击，即攻击者利用查询中的位置作为伪标识符（Quasi-Identifier，QI），在用户标识与查询记录间建立关联，泄露了用户标识和查询内容。在位置连接攻击中，攻击者的背景知识是用户的精确位置。背景知识中的位置信息可通过实时通信网络定位技术或对被攻击者进行观察获得。

图 2-2 显示了用户基于位置的请求以及攻击者能获得的外部数据格式。为了易于表达，使用3个二维表描述不同的数据。表R存储的是用户最初的查询请求，其中，每条元组表示一条服务请求，记为$r=(\mathrm{id}, l, q)$，其中id是用户的标识符，$l=(x, y)$是用户的当前位置，q是查询内容。这3

个参数暗含着不同的含义。首先，id 可以唯一地标识用户，不能泄露，因此需要在发送给服务提供商之前被隐藏。其次，位置 l 是一种伪标识符，虽不能直接地标识用户，但可能本身包含隐秘信息或泄露用户身份和查询之间的联系。最后，q 是查询内容，对用户而言是否隐私因人而异，但又必须传送给服务提供商。

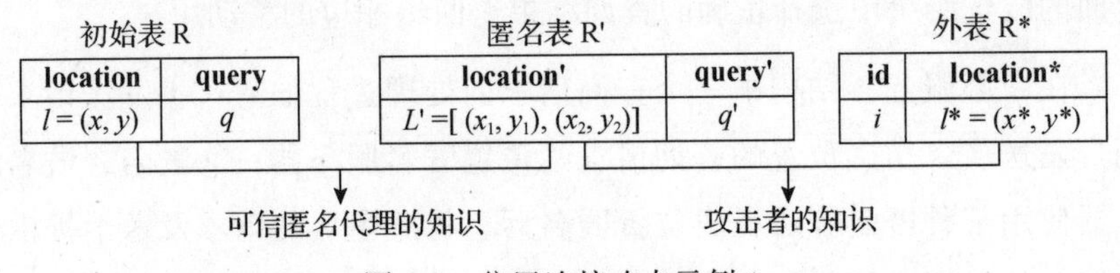

图 2-2 位置连接攻击示例 1

为了保护用户的隐私，可信第三方即匿名服务器需要计算出一个匿名表 R′，使得：①它包含 R 的所有属性，除了 id；②对应于 R 中的任何一条元组，它都包含一条对应的匿名后的元组；③不能违背用户的隐私需求。R′中的元组记为 $r' = (L', q')$，其中，L'是匿名服务器对 l 作匿名化处理之后得到位置信息，图 2-2 中以匿名区域表示；q'的内容与 q 一样。表 R^*表示攻击者能够获得的外部信息。R^*中的每条元组确定了一个用户的位置，表示为 $u^* = (id^*, l^*)$，l^*是用户 id^*被攻击者观察到的真实位置。显而易见，如果不对 R 中的 l 作任何处理，攻击者已经通过观察获得了位置与 id 的匹配关系，再进一步通过 l 与 l^*的连接操作，暴露查询与 id 的关系。

图 2-3 中用匿名区域表示用户位置，采用的是第 1 章介绍的空间模糊化方法。然而，仅仅模糊位置有时是不够的，依然存在位置连接攻击的风险。用一个具体例子说明，如图 2-3 所示，有 u_1～u_6 6 个用户。外表 R^*中，u_1的位置是 l_1^*=(7, 6)。在匿名表 R′中，有一个查询的匿名区域 L_1'=[(7, 9), (6, 7)]。当 L_1'和 R^*连接时，攻击者观察到 L_1'只覆盖了一个用户 u_1 的位置。因此，虽然位置信息作了模糊化处理，但仍然可以确定在 L_1'=[(7, 9)], (6, 7)]中，u_1 的确切位置在(7, 6)。同时，查询“癌症医院”肯定是由 u_1 发出的。

匿名表 R'

location'	query'
[(7, 9), (6, 7)]	癌症医院
[(2, 4), (4, 6)]	银行
[(4, 5), (6, 8)]	俱乐部
[(2, 5), (5, 8)]	啤酒俱乐部
[(2, 5), (5, 8)]	同性恋俱乐部
[(2, 5), (5, 8)]	俱乐部

外表 R*

id*	location*
u_1	(7, 6)
u_2	(2, 4)
u_3	(4, 6)
u_4	(5, 8)
u_5	(2, 7)
u_6	(3, 5)

图 2-3　位置连接攻击示例 2

2.1.2　位置 *k*-匿名模型

位置 *k*-匿名模型可以解决位置连接攻击问题。*k*-匿名模型[51]曾是数据发布领域使用最广泛的隐私保护模型。文献[51]中定义了伪标识符和 *k*-匿名性。伪标识符由一组属性组成，可以和外部数据连接用于标识用户。通常可以用于连接的属性有：生日、性别、邮编等。在发布数据时，一般把所有能够唯一标识用户个人信息的属性，如名字等隐藏（不发布），这样该数据就变成匿名的。然而，在大多数情况下，攻击者可以利用其他属性与外部数据之间的联系来匹配个人信息，获取个人隐私。如图 2-4 所示，当攻击者把医疗信息和选民信息通过出生日期、性别、邮编属性作连接之后，就可以把选民姓名和疾病联系起来，从而获得隐私的个人信息。

医疗信息表

出生日期	性别	邮编	疾病
1965.01.25	男	2142	胃病
1965.05.06	男	2143	肠炎
1964.10.24	女	2135	心脏病
1964.03.06	女	2132	肺癌
1967.07.02	男	2134	肾病
1967.08.01	男	2136	肾病

选民信息表

姓名	出生日期	性别	邮编
张三	1965.01.25	男	2142
李四	1965.05.06	男	2143
王五	1964.10.24	女	2135
谢六	1964.03.06	女	2132
郑七	1967.07.02	男	2134
钱八	1967.08.01	男	2136

图 2-4　数据发布中的隐私泄露

定义 2-1　***k*-匿名模型：**一个关系是 *k*-匿名关系，如果其中每一个元组所代表的个人信息都至少和关系中其他的 *k*-1 个元组不能区分，也就是 QI 上的每一组值都有 k 个并发值，每一条元组的 QI 取值都与其他 k-1 条元组的 QI 取值相同。k-匿名模型通过修改两表之间的匹配关系，使得每个用户都匹配到多条元组，避免了用户隐私的泄露。图 2-5 是对图 2-4 中医疗信息表进行隐私保护之后得到的 2-匿名表。在出生日期、性别、邮编属性上，每一组 QI 属性值都有两个并发元组。所以即使和外部数据连接，攻击者仍然不能识别出某一个特定个人是哪一条元组。

出生日期	性别	邮编	疾病
1965	男	214*	哮喘
1965	男	214*	肺癌
1964	女	213*	心脏病
1964	女	213*	感冒
1967	男	213*	胃病
1967	男	213*	胃病

图 2-5　k-匿名表（k =2）

文献[8]最早将 k-匿名的概念应用到位置隐私上，提出了位置 k-匿名模型。

定义 2-2　**位置 k-匿名模型**：当一个移动用户的位置无法与其他 k-1 个用户的位置相区别时，称此位置满足**位置 k-匿名**。

图 2-6 是一个位置 4-匿名的例子。A、B、C 和 D 本来的位置点经过匿名后变成同一个匿名区域。攻击者只知道在此区域中有 4 个用户，具体哪个用户在哪个位置无法确定，因为用户在匿名区域内任何一个位置出现的概率相同。

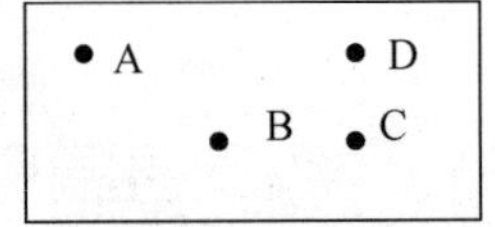

图 2-6　位置 4-匿名

为防止位置连接攻击，匿名集用户仅满足位置 k-匿名模型是不够的。文献[40]发现，当用户位置分布已知时，虽然某些匿名区域覆盖 k 个用户，但由于该匿名区域仅由一个用户发出，也会引发位置连接攻击。如图 2-7 所示，虽然匿名区域 R_1 中包含 3 个用户，满足位置 3-匿名的要求。但是由于仅有用户 A 发送 R_1 作为匿名区域。所以当攻击者通过背景知识获知 A 在位置(1, 1)时，则由 R_1 发出的查询一定是由用户 A 发出的，用户隐私泄露。

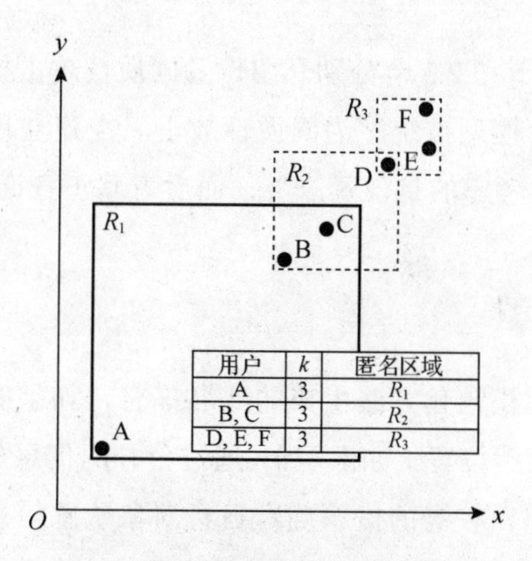

图 2-7　位置隐私泄露示例

文献[40]提出了位置 k-共享特性，其定义如下。

定义 2-3　**位置 k-共享**：一个空间匿名区域不仅至少包含 k 个用户，而且该区域被至少 k 个用户所共享。

图 2-8 给出了图 2-7 所示例子中满足位置 2- 共享的位置匿名情况。具体来讲，匿名区域 R_1 和匿名区域 R_3 被至少两个用户共享，同时 R_1 和 R_3 下覆盖了至少两个用户。

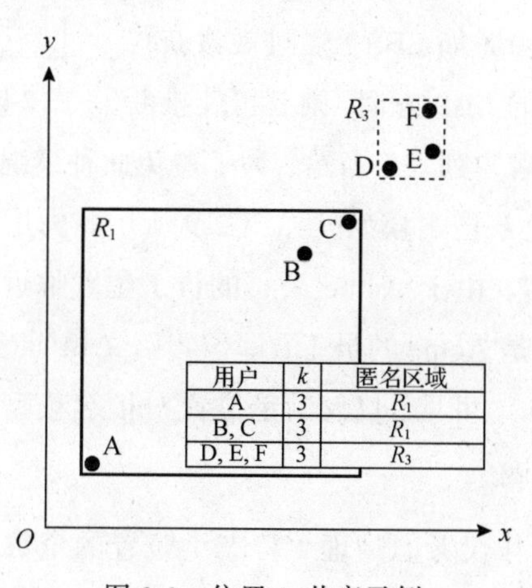

图 2-8　位置 k-共享示例

2.2 位置同质性攻击

下面将在 2.2 节和 2.3 节分别介绍位置同质性攻击模型和查询同质性攻击模型，这两个模型被统称为同质性攻击。在建立攻击模型时，在背景知识方面，前者考虑的是位置语义，而后者基于查询语义。

2.2.1 攻击模型

对于采用空间模糊化方法生成的匿名集合，如果匿名集用户的匿名区域仅覆盖一个敏感位置（如医院），通过公开的信息如医院发布的就诊记录，攻击者可以以较高的概率确定目标对象敏感信息（如曾去医院就诊），攻击目标的隐私信息泄露（如健康状况），此攻击为**位置同质性攻击**。Hu 等人[56]首次提出当匿名位置与外部公开信息相结合时，将产生用户个人敏感信息泄露的问题，文献[46]对匿名处理结果进一步优化。

图 2-9 以示例的方式给出了一个位置同质性攻击的场景[52]。Acme 是一个有名的保险公司。客户信息对保险公司来讲属于商业机密，不可公开。Acme 的员工需要频繁地造访客户，经常使用 LBS 服务（如 Google maps）规划行程。一个恶意攻击者（如 LBS）通过观察获得频繁从 Acme 发出的 LBS 查询，则有可能推断并重建出 Acme 的客户列表。当然，为了避免此种情况的发生，可以采用 2.1.2 节介绍的位置 k-匿名模型，如图 2-9 所示。为用户 u 生成的匿名区域满足位置 3-匿名。由于 Acme 公司的员工位置临近，不幸的是在同一匿名区域的用户均是 Acme 的员工，即位置语义相同（语义位置的定义参见 2.2.2 节定义 2-5）。可见，仅仅满足位置 k-匿名模型的匿名集合存在位置同质性攻击的风险。

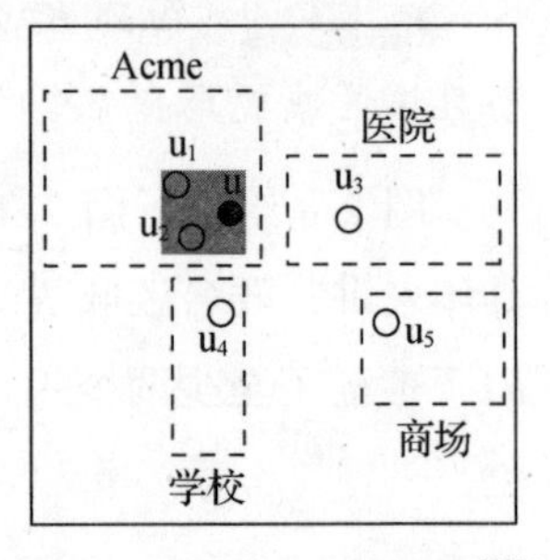

图 2-9 位置同质性攻击[52]

最初的研究工作仅考虑物理（静态）位置的个数，对位置同质性攻击进行了形式化描述。文献[41]基于位置语义、敏感性和 POI 在地图上的分布状况，给出了基于位置语义的敏感位置同质性攻击模型的形式化定义。文献[41]假设空间中位置分布的概率密度函数 pdf 已知。$P(r)=\int_r \text{pdf}$ 表示一个位置在区域 r 中的概率。一般情况下，位置不是均匀分布的。如果 $P(r)$=0，则区域 r 不可达，否则 r 可达。根据用户隐私需求，从敏感度的角度，位置类型（记为 FT）可分为敏感类型 FTs 和非敏感类型 FTns 两类，$\text{FT}=\text{FTs}\cup\text{FTns}$。将敏感位置扩展到区域中：区域 r 是敏感的，如果 r 与一个区域 Cov(ft)相交，该区域包含敏感类型为 ft 的位置，形式化地表示为：

$$\bigcup_{\text{ft}\in\text{FTs}}^{\text{s}} \text{Cov}(\text{ft}) \cap^{\text{s}} r \neq \varnothing$$

其中 Cov(ft)表示包含敏感位置语义 ft 的区域。

文献[41]中用“敏感度”度量区域 r 的隐秘情况。一个区域的敏感度取决于该区域覆盖的位置和位置分布概率密度函数 pdf。用 $P_{\text{sens}}(\text{ft}, r)$表示区域 r 相对于位置类型 ft 的敏感度。$P_{\text{sens}}(\text{ft}, r)$即在区域 r 中用户位于敏感类型为 ft 区域中的概率，形式化地表示为

$$P_{\text{sens}}(\text{ft}, r)=\begin{cases} P(\text{Cov}(\text{ft}) \mid r), & P(r)\neq 0 \\ 0, & \text{其他} \end{cases} \tag{2-1}$$

公式（2-1）表达的语义即区域 r 与位置类型为 ft 的区域的重叠程度。无论何种位置类型，不可达区域的敏感度均为 0。如果某区域被敏感位置完全覆盖，则 $P_{\text{sens}}(\text{ft}, r)$=1。

下面通过一个例子解释上述概念。设 Hospital 是一种敏感类型，其有两个实例 H_1 和 H_2。如图 2-10 所示，H_1 与区域 r 部分重叠，H_2 被完全覆盖在 r 中。此外，区域 r 中包含一个湖泊 L。假设 L 不可达，用户在 L 以外的区域出现的概率相同，即均匀分布。$\text{pdf}=\dfrac{1}{\text{Area}(r\setminus^{\text{s}}L)}$，其中 Area()表示区域的面积。区域 r 相对于 Hospital 的敏感度为：

$$P_{\text{sens}}(\text{Hospital},\ r)=\frac{\text{Area}(H_1\cap^{\text{s}} r)+\text{Area}(H_2)}{\text{Area}(r\setminus^{\text{s}} L)} \tag{2-2}$$

分子表示 H_1 和 H_2 在区域 r 中的面积，分母表示 r 中除去 L 之后的面积。

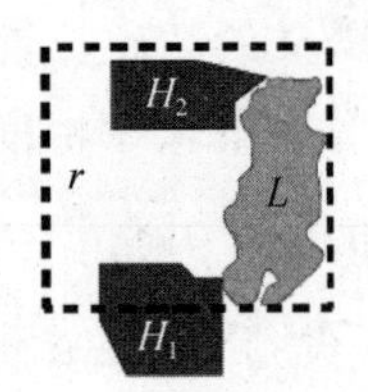

图 2-10　敏感区域示例[41]

定义 2-4　基于位置语义的敏感位置同质性攻击：用户针对每一种类型 ft 定义一个可接受的最小敏感度阈值 τ，如果满足 $P_{sens}(ft, r) \leqslant \tau$，则说明区域 r 是安全的，否则称产生了敏感位置同质性攻击。

再举一个例子：用户设定敏感位置类型 FTs={Hospital, Religious Building}，针对每一种类型的敏感度阈值 T={(Hospital, 0.4), (Religious Building, 0.1)}。如果某用户计算 P_{sens}(Hospital, r)的值大于 0.4，则说明发生了敏感位置同质性攻击。

2.2.2　位置 *l*-差异性模型

2007 年，Ling Liu 借鉴数据发布隐私处理中的 *l*-差异性模型的思想，提出了位置 *l*-差异性模型[38]，以防止位置同质性攻击。**位置 *l*-差异性模型**保证在一个匿名区域中的用户除满足位置 *k*-匿名模型外，匿名框中需要包含 *l* 个不同的物理/实际位置。该模型降低了 *k* 个或更多的用户同时位于一个敏感位置的风险。*k*-匿名模型保证了一个用户不能从 *k*-1 个其他用户中识别出来。位置 *l*-差异性模型则保证用户的位置不会从 *l* 个物理位置中识别出来（如教堂、医院、办公室等）。图 2-11 显示了一个以四分树划分法获得的匿名区域，其中匿名区域中的用户同时满足位置 *k*-匿名（*k*=3）和位置 *l*-差异性（*l*=2），圆点代表运动对象，三角形代表不同的物理位置。

很明显，参考文献[38]最初提出的位置 *l*-差异性模型忽略了位置类型和用户的位置语义。直观上来讲，用户位置带有语义信息，如用户现在位于商场，则说明用户很可能正在购物；用户身处女子学校，则该用户有很大的概率是一名女性学生。在文献[52]中对位置语义进行了形式化定义。

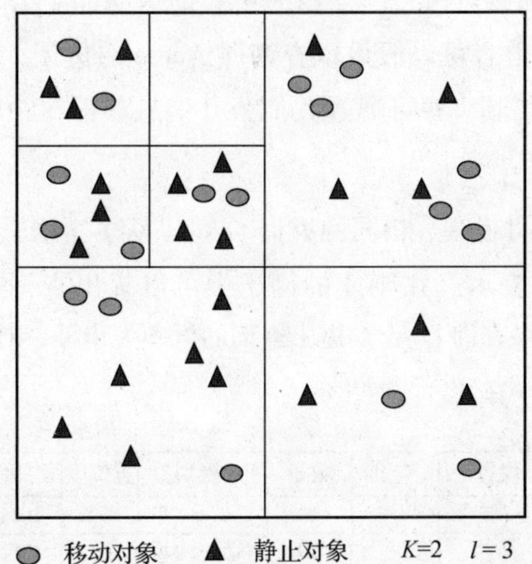

图 2-11 位置 3-匿名和位置 2-差异性模型示例[47]

定义 2-5 **语义位置**：语义位置是一个区域，在该区域中聚集的用户具有相似的情境信息，如年龄、性别、活动等。学校、医院、公司等都可以是语义位置。

设 SQ 是提交给服务提供商的所有查询组成的集合。对于任意一个查询 $Q_i \in$ SQ，都有一个语义位置与查询用户相关联。例如，在 2.2.1 节的例子中，一个用户从 Acme 公司总部提出查询 Q_i，则该查询的语义位置即 Acme 公司。需要说明的是，一个语义位置可能有很多实例。例如，Acme 公司具有很多分公司，这些分公司遍布于不同的地方。如果 L_i='Acme'且 Acme 有 3 家分公司，则 T('Acme')={Acme$_1$, Acme$_2$, Acme$_3$}。攻击者观察所有查询，可以估计每一个查询的语义位置分布。形式化的表示即对于任意一个语义位置 $L_i \in$ SL（SL 是所有语义位置组成的集合），攻击者可以估计查询 q 的语义位置分布 $D_{L_i}(q)$。通过这些估计值，攻击者可能获得用户隐私。

例如，设位置语义集合 SL={L_1，L_2，L_3}，SQ={Q_1，Q_2，Q_3}。假设

攻击者观察到了 100 个查询，其查询分布如图 2-12 所示。攻击者通过图 2-12 中的数据统计生成形如 $L_j \Rightarrow Q_i$ 的关联规则。设 L_1=Acme，Q_1= “寻找到达 107 街道的最快路径”。因为该查询从 Acme 公司发出的概率最高（89%），则攻击者可以假设该查询即 Acme 的员工，即推断 Acme 的客户居住在 107 街道，并可通过其他公开信息获得在 107 街道用户的基本信息。

从图 2-12 中可发现，相同的查询 Q_i 可以从多个语义位置发出。这些语义位置用 Q_{L_i} 表示。在刚才的例子中可以提出查询 Q_1 的语义位置 $Q_{L_1}=\{L_1, L_3\}$。如果查询 Q_i 从 L_j 提出查询的概率大于零，则称位置 $L_j \in Q_{L_i}$。由此定义弱位置差异性。

位置	查询	数量	规则	置信度	支持度
L_1	Q_1	40	$L_1 \Rightarrow Q_1$	89%	40%
L_1	Q_2	10	$L_1 \Rightarrow Q_2$	50%	10%
L_2	Q_2	10	$L_2 \Rightarrow Q_2$	50%	10%
L_2	Q_3	10	$L_2 \Rightarrow Q_3$	29%	10%
L_3	Q_1	5	$L_3 \Rightarrow Q_1$	11%	5%
L_3	Q_3	25	$L_3 \Rightarrow Q_3$	71%	25%

图 2-12　攻击者搜集到的查询集合[52]

定义 2-6　**弱位置差异性**：一个查询 Q_i 展现弱位置差异性，如果 $\left|Q_{L_i}\right| \geqslant l$，即查询 Q_i 至少与 l 个不同的语义位置相关。

在图 2-13 所示的例子中，SL={Acme, Hospital, School, Shopping Mall}。用户 u 从 Acme 提出查询，匿名服务器根据先验知识为用户 u 选择语义位置集合。该集合中的语义位置满足两个条件：1）覆盖用户 u 的位置；2）除用户 u 的语义位置外，包含 l-1 个其他的语义位置。设匿名服务器选择的语义位置 Q_{L_u}={Acme, Hospital, School}。采用数据失真中随机化的位置保护方法（如生成假数据），从 Hospital 和 School 两个语义位置范围内随机生成两个假用户 u_h 和 u_s，与 u 组成匿名集，该匿名集满足弱位置差异性（l=3）。在弱位置差异性中保证每一个查询语义仅有一个实例。

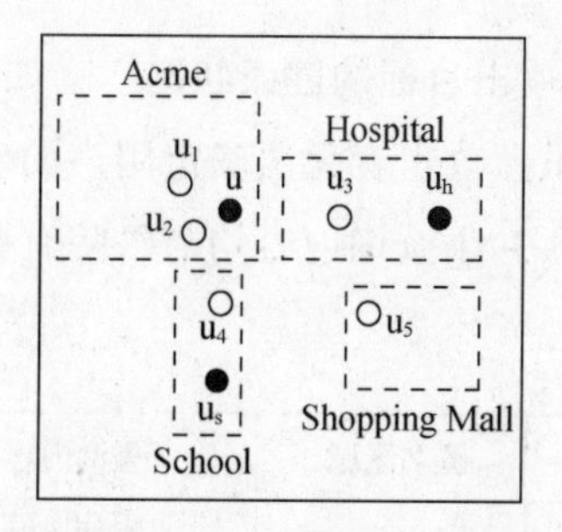

图 2-13 弱位置差异性示例

定义 2-7 **强位置差异性**：一个匿名方法满足强位置差异性，如果对于 $Q_i \in \mathrm{SQ}$ 和每一个语义位置 $L_j \in \mathrm{SL}$，将查询 Q_i 与 L_j 之间建立起关联的概率最多为 $1/l$。

如果一个匿名方法生成的匿名集合满足强位置差异性，则匿名集合中的每一个查询也满足弱位置差异型；但是反过来不成立。寻找满足强位置差异性的匿名方法比寻找满足弱位置差异性的方法要难。文献[52]表示根据每一个语义位置的实例个数，并不是任何情况都存在满足强位置差异性的方法。所以在文献[52]中给出了一种介于二者之间的匿名算法。然而，文献[52]并没有考虑地址的敏感性。文献[41]进一步将物理地址划分为敏感与不敏感两类，考虑位置敏感度的安全匿名区域的定义参见定义 2-4。

2.3 查询同质性攻击

2.3.1 攻击模型

简单来讲，查询同质性攻击即攻击者结合匿名集中发布查询的语义窥探用户隐私。在极端情况下，如果一个匿名集合中的所有服务请求都表示了同样的内容，如同一匿名集中用户均提出了一个“寻找肿瘤医院”的查询，则攻击者无须获知用户的具体位置，也无须确定哪个用户提出了哪个查询，也可推测攻击目标的健康状况[53]。如图 2-14 所示，用户 A、B 和 C 组成匿名集。虽然攻击者无法确定用户的确切位置以及每一个查询的提出者，但是由于 3 个查询内容均与医院有关，所以用户的敏感信息泄露。

用户	匿名区域	查询内容
A	R	癌症医院
B		胸科医院
C		妇科医院

图 2-14　敏感信息泄露

在给出具体的攻击模型定义前，首先给出几个基本定义。

定义 2-8　**敏感关系 *R***：设 CaSet 是查询类别集合，SSet 是敏感度集合。令敏感关系 $R=\{(a, b)|\ a\in \mathrm{CaSet}, b\in \mathrm{SSet}$ 且 $\forall\ (a_1, b_1), (a_2, b_2)\in R$，若 $a_1=a_2$，则 $b_1=b_2\}$。

从定义 2-8 可以看出，敏感关系 R 是一个从查询类别集合到敏感度集合的多对一的二元关系。例如，存在敏感关系{（紧急急救呼叫，more secret），（敏感位置路径导航，top secret），（位置敏感账单，secret），（购物导引，less secret），（旅游工具，non-secret），（产品追踪，non-secret）}，其中，查询类别集合={紧急急救呼叫，敏感位置路径导航，位置敏感账单，购物导引，旅游工具，产品追踪}，敏感度集合={top secret, more secret, secret, less secret, non-secret}。

很明显，根据多对一的二元敏感关系 R 的定义，空间中的任意两个查询具有以下两个性质。

性质 1：若两个查询的查询类别相同，则查询敏感度一定相同。

性质 2：若两个查询敏感度不同，则查询的类别一定不同。

当为查询标注类别后，即可通过敏感关系 R 获得该查询的敏感度。需要说明的是，敏感度值可以是类别属性值，如{top secret, more secret, secret, less secret, non-secret}，也可以是标准化的[0, 1]之间的数值，数值越大说明敏感度越高。类别属性值和数值之间可以相互转化。后者转化为前者较容易，这里对类别属性值向数值类型转化进行定义。

定义 2-9　查询敏感度值数值化：设 SSet=$\{S_1, S_2, \cdots, S_i, \cdots, S_n\}$ 是由类别属性值组成的敏感度集合。将 SSet 中的值按照敏感度强弱由大到小排序，即 $S_1>S_2>\cdots>S_i>\cdots>S_n$。通过公式（2-3）将 SSet 中的类别属性值转化为[0, 1]之间的数值：

$$\begin{cases} f(S_1)=1 \\ f(S_i)=\dfrac{n-i}{n-1}, \ 1<i<n \\ f(S_n)=0 \end{cases} \tag{2-3}$$

如 SSet={top secret, more secret, secret, less secret, non-secret}，则根据上面的公式将 SSet 数值化，数值化后的值见表 2-1。方便起见，下文中均采用数值表示查询敏感度值。

表2-1　类别值与数值的转化

类别属性值	标准化数值
top secret	1
more secret	0.75
secret	0.5
less secret	0.25
non-secret	0

匿名集中用户的敏感信息泄露反映为匿名集中的查询类别（如图 2-14 所示）或敏感度相同。图 2-15 展示了一个因为查询敏感度相同造成的隐私泄露的例子。{D, E, F}组成匿名集。在该匿名集中，虽然查询内容均不同，但从用户的角度来看，这 3 类查询均属于敏感查询，用户不愿攻击者将自己与任何一类查询建立联系。根据性质 1，查询类别相同是敏感度相同的特例，所以用敏感度定义感知查询语义的敏感同质性攻击。

用户	用户位置	匿名区域	查询内容
D	l_D	R'	医院
E	l_E		同性恋俱乐部
F	l_F		银行

图 2-15　敏感同质性攻击

与敏感位置同质性攻击类似，查询敏感同质性攻击为每一类查询设定一个敏感度值。查询敏感同质性攻击定义如下。

定义 2-10 **查询敏感同质性攻击**：设 CS 是一个匿名集，对于任意用户 u∈CS，根据用户 u 的查询敏感度需求 u.ts 可获得在用户 u 看来，CS 中包含的敏感查询个数，记为 Count_SQu。若在 CS 中存在用户 u，其集合敏感度需求 u.p< $\frac{\text{Count\_SQu}}{|\text{CS}|}$，其中|CS|表示 CS 中包含的用户个数，称此攻击为查询敏感同质性攻击。

如图 2-16 所示，不考虑用户集合{H, I, G}中用户提出的查询内容，仅看其提出查询的敏感度。简单起见，设所有用户的查询敏感度需求 ts 均为 0.25，则在该匿名集中所有查询对 3 个用户来讲均为敏感查询。再设所有用户的集合敏感度需求 p 均为 0.4，3 个用户的 $\frac{\text{Count\_SQu}}{|\text{CS}|}$=1。所以{H, I, G}中用户的集合敏感度需求均未得到满足，则该用户集合存在查询敏感同质性攻击的问题。

用户	用户位置	匿名区域	敏感度
H	l_H		1
I	l_I	R	0.5
G	l_G		0.5

图 2-16　敏感同质性攻击的例子

2.3.2 查询 p-敏感模型

在给出查询 p-敏感模型的定义前，首先定义用户个性化隐私需求和查询请求在匿名服务器中的存在形式。

定义 2-11 **个性化隐私需求**：系统中每一个用户均可设置个性化的隐私需求，形式化地表示为一个三元组：profile=(k, ts, p)。其中

- 匿名度需求 k，用户可接受的最小匿名度，即用户要求在匿名集中至少包含的用户个数。

- 查询敏感度需求 ts，用户可容忍的查询敏感度最高值。若某查询的敏感度大于 ts，则此查询在该用户看来属于敏感查询；反之，该查询属于非敏感查询。
- 集合敏感度需求 p，表示用户可接受敏感查询在匿名集合中所占比例的最大值。

例如，某用户 u 设置隐私需求 profile=(3, 0.5, 0.4)，表示用户要求在匿名集中至少包含 3 个不同用户；匿名集中包含的查询，若查询敏感度大于 0.5，则用户 u 视该查询为敏感查询；在 u 看来，匿名集中包含的敏感查询在所有查询中所占的比例不能超过 0.4。注意，在用户设置隐私需求时，若用户 u 自身提出的查询属于敏感查询，则匿名度需求 k 和集合敏感度需求 p 之间应满足 $p \geqslant 1/k$。

定义 2-12 **待匿名查询**：匿名服务器中待匿名查询被形式化地表示为(id, loc, profile, q, qs)，其中，id 表示查询标识符；loc=(x, y)即该查询所在空间位置；profile 表示提出该查询用户的隐私需求；q 表示查询内容；qs 是将查询内容 q 所属类别与敏感关系 R 连接后获得的敏感度。

设匿名服务器中存在一条待匿名查询(A001, (2, 3), (3, 0.5, 0.4), “距离我最近的肿瘤医院”, 0.75)，表示含义如下：id 为 A001 的用户在位置(2, 3)处提出了寻找“最近肿瘤医院”的查询；用户匿名度需求为 3，查询敏感度需求为 0.5，集合敏感度需求为 0.4；“查询肿瘤医院”对应的查询敏感度 qs=0.75。由于该查询敏感度需求(0.75)大于用户查询敏感度需求(0.5)，所以对于用户 A001 来讲，自己提出的是一个敏感查询。简单起见，本书以 u.k 表示用户 u 的匿名度需求，u.ts 表示查询敏感度需求，u.p 表示集合敏感度需求。

为防止敏感同质性攻击，文献[87]提出了个性化(k, p)-敏感匿名模型。

定义 2-13 **个性化(k, p)-敏感匿名模型**：设 CS 是移动用户组成的集合，若 CS 满足以下条件：

- 位置 k-匿名模型，即 $|\mathrm{CS}| \geqslant \max\limits_{u \in \mathrm{CS}}(u.k)$。

- $\forall u \in \mathrm{CS}$，$\frac{\mathrm{Count\_SQ_u}}{|\mathrm{CS}|} \leqslant \mathrm{u.p}$。

则称 CS 满足个性化(k, p)-敏感匿名模型。

图 2-17 显示了用户 u_1、u_2、u_3 组成的匿名集（见图 2-17a）以及三者隐私需求（见图 2-17b）。根据定义 2-13，由 u_1、u_2、u_3 组成的匿名集合满足个性化(k, p)-敏感匿名模型。

用户	匿名区域	查询内容	查询敏感度(qs)
u_1	R	Q_1	1
u_2		Q_2	0.5
u_3		Q_3	0

a) 待匿名查询

用户	k	ts	p
u_1	2	0.5	0.5
u_2	3	0.25	0.75
u_3	3	1	0.5

b) 隐私需求

图 2-17　个性化(k, p)-敏感匿名模型的例子

2.4　位置依赖攻击

2.1 节至 2.3 节中介绍的攻击模型仅关注快照（snapshot）位置，若用户位置发生连续更新将产生新的攻击模型，典型的攻击模型有位置依赖攻击和连续查询攻击。本节先介绍位置依赖攻击，2.5 节将介绍连续查询攻击模型。

位置依赖攻击模型也被称为基于速度的连接攻击模型，指当攻击者获知用户的运动模式（如最大运动速度）时产生的位置隐私泄露现象。具体来讲，根据用户的最大运动速度，可得到用户在某一时间段内的最大可达范围。因此，可以将用户的位置限制在最大可达到的区域与第二次发布的匿名区域的交集中，进而产生位置隐私泄露[57, 54]。在位置依赖攻击中，攻击者的背景知识包括历史匿名区域组成的集合和用户的最大运动速度。定义 2-14 给出了位置依赖攻击的形式化定义。

定义 2-14　**位置依赖攻击**：假设

- 用户 u 在时刻 t_i 和 t_j 的匿名区域分别是 R_{u,t_i} 和 R_{u,t_j}。

- 用户 u 的最大运动速度为 v_u。

设用户 u 从时刻 t_i 到 t_j 的最大运动边界为 MMB_{u,t_i,t_j}（最大可达边界为 MAB_{u,t_j,t_i}）。MMB_{u,t_i,t_j}（MAB_{u,t_j,t_i}）是一个由 R_{u,t_i} (R_{u,t_j}) 开始，以半径 $v_u{}^*(t_j-t_i)$ 扩展而来的圆角矩形。定义 R_{u,t_j} 和 MMB_{u,t_i,t_j} 的交集 MM_{u,t_i,t_j} 为：

$$MM_{u,t_i,t_j} = MMB_{u,t_i,t_j} \cap R_{u,t_j}$$

定义 R_{u,t_i} 和 MAB_{u,t_j,t_i} 的交集 MA_{u,t_j,t_i} 为：

$$MA_{u,t_j,t_i} = MAB_{u,t_j,t_i} \cap R_{u,t_i}$$

对于任意的 t_i 和 t_j，如果下列不等式中任何一个成立，

- $MM_{u,t_i,t_j} \neq R_{u,t_j}$
- $MA_{u,t_j,t_i} \neq R_{u,t_i}$

则称用户 u 的位置隐私受到威胁，称此攻击为位置依赖攻击。

位置依赖攻击表达的语义是：如果攻击者知道用户上一个时刻匿名区域 R_{A,t_i} 和最大运动速度 v_A，则用户 A 在 t_{i+1} 的位置被限定于最大运动边界（Maximum Movement Boundary，MMB）$MMB_{A,t_i,t_{i+1}}$ 当中。从而攻击者可以推测出用户在 t_{i+1} 时刻一定位于 $MMB_{A,t_i,t_{i+1}}$ 和 $R_{A,t_{i+1}}$ 的交集中。类似地，攻击者通过用户在 t_{i+1} 时刻发布的匿名区域 $R_{A,t_{i+1}}$ 可以得到从时刻 t_i 到 t_{i+1} 期间，用户 A 可以从哪些位置到达 $R_{A,t_{i+1}}$ 中，形成匿名集。所以用户 A 在上一个时刻 t_i 被限定于 MAB_{A,t_{i+1},t_i} 和 R_{A,t_i} 的交集中。在最坏情况下，如果两个阴影区域中的任何一个成为精确点，则用户位置隐私泄露。

下面用一个具体实例说明位置依赖攻击模型的语义。图 2-18 的例子中，用户 A、B、C 在时刻 t_i 组成匿名集，其匿名区域是 R_{A,t_i}；用户 A、E、F 在时刻 t_{i+1} 组成匿名集，匿名区域是 $R_{A,t_{i+1}}$。服务提供商收集用户连续的匿名区域 R_{A,t_i} 和 $R_{A,t_{i+1}}$，以及用户 A 的最大运动速度 v_A。

攻击者根据已知的用户上一个时刻的匿名区域 R_{A,t_i} 和最大运动速度 v_A，可以推测用户 A 在 t_{i+1} 时刻的位置一定在 $MMB_{A,t_i,t_{i+1}}$（如图 2-18 左上角圆角矩形所示）中。从而攻击者可以推测出用户 A 在时刻 t_{i+1} 一定位于右下角灰色阴影区域（$MMB_{A,t_i,t_{i+1}}$ 和 $R_{A,t_{i+1}}$ 的交集）中。类似地，攻击者

通过用户 A 在 t_{i+1} 时刻发布的匿名区域 $R_{A,t_{i+1}}$ 可以得到从时刻 t_i 到 t_{i+1} 期间，用户 A 可以从哪些位置到达 $R_{A,t_{i+1}}$ 中，形成匿名集，即图 2-18 中右下角的圆角矩形。所以用户 A 在上一个时刻 t_i 被限定于左上角阴影区域）中（MAB_{A,t_{i+1},t_i} 和 R_{A,t_i} 的交集）。用户 A 的 $MM_{A,t_i,t_{i+1}}$ 是图 2-18 中的右下角灰色阴影区域。因为 $MM_{A,t_i,t_{i+1}} \subset R_{A,t_{i+1}}$，所以此例中的 A 在 t_{i+1} 时刻的位置泄露。另外，$MA_{A,t_i,t_{i+1}}$ 是图 2-18 中左上角阴影区域，$MA_{A,t_i,t_{i+1}} \subset R_{A,t_i}$，所以用户 A 在时刻 t_i 的位置亦泄露。

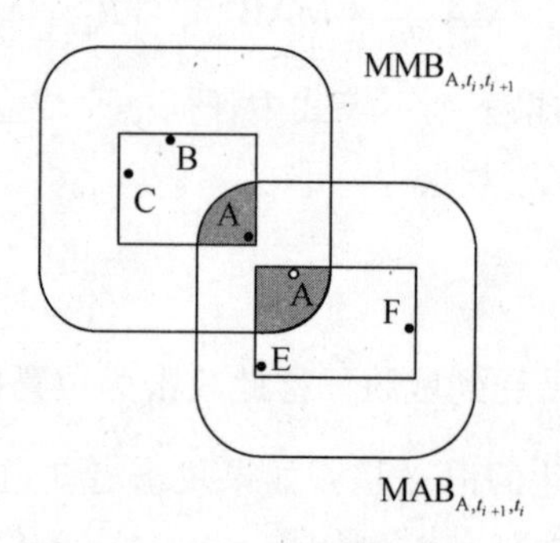

图 2-18　位置依赖攻击

位置依赖攻击是由用户运动模式已知造成的。防止位置依赖攻击的匿名方法可以沿用位置 k-匿名模型保护用户的标识符，采用空间粒度标准，即时空匿名法保护用户的位置信息。文献[29]中提出，对于时刻 t_i 和时刻 t_j 的匿名区域 R_i 到 R_j，从 R_i 到 R_j (从 R_j 到 R_i)的最大最小距离若满足 $\text{MaxMinD}(R_i, R_j) \leqslant v_u^*(t_j - t_i)(\text{MaxMinD}(R_j, R_i) \leqslant v_u^*(t_j - t_i))$，任意两个时刻发布的匿名区域均可防止位置依赖攻击（具体保护方法可参见 4.1 节）。

2.5　连续查询攻击

2.5.1　攻击模型

连续查询是移动数据管理中非常重要的一种查询类型。Chow 等人在

2007 年第一次提出连续查询攻击[40]问题。如果直接将为静态位置设计的位置匿名算法应用于连续查询，将产生连续查询攻击。具体来说，连续查询在查询有效期内位置是动态变化的。所以用户在查询有效期内不同时刻形成的匿名集不同，且匿名集中包含的用户不同。因此，通过将查询有效期内匿名集中用户集合取交，可唯一确定提出连续查询的用户身份，即用户隐私泄露。

用一个例子具体说明连续查询隐私攻击场景。如图 2-19 所示，系统中存在 A、B、C、D、E、F 6 个用户，分别提出查询 Q_A、Q_B、Q_C、Q_D、Q_E、Q_F。攻击者事先知道 6 个用户中存在连续查询，但并不知道连续查询是什么，以及由谁提出。在 3 个不同时刻 t_i、t_{i+1}、t_{i+2}，用户 A 分别形成了 3 个不同的匿名集，即{A, B, D}、{A, B, F}、{A, C, E}，如图 2-19 中实线矩形框所示。将 3 个匿名集取交，即可获知是用户 A 提出的连续查询以及相应的查询 Q_A。

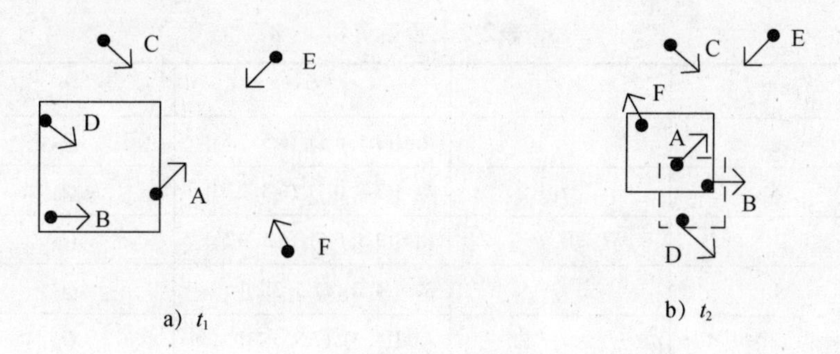

a）t_1　　b）t_2

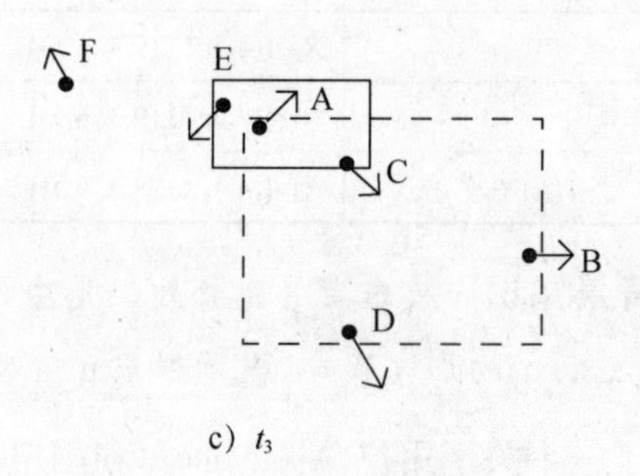

c）t_3

图 2-19　连续查询隐私保护

文献[42]对连续查询攻击进行了形式化定义。

定义 2-15 **会话资料（Session Profile）**：设用户在 t_1，t_2，…，t_n 时刻的匿名区域分别为 R_1，R_2，…，R_n，S_1，S_2，…，S_n 是用户 U 在不同时刻形成的匿名集对应的查询内容集合。用户 U 的会话资料定义为 $SP(U)=\bigcup_{i=1}^{n}(\{t_i\}\times\{R_i\}\times S_i)$，会话资料中的每一个元素是一个三元组$(t, R, S)$。

表 2-2 显示的是与图 2-19 对应的会话资料。表中第三列表示匿名区域 R 的空间范围，分别表示匿名区域的左下角和右上角坐标。在 t_1 时刻，匿名区域 R_1 的空间位置是一个矩形，该矩形的左下角坐标为(3.5, 0.5)，右上角坐标为(6.5, 2.5)。t_1 时刻 R_1 的匿名区域中包含 3 个查询内容即$\{Q_A, Q_B, Q_D\}$，即表 2-2 中的第 1～3 行。类似地，在时刻 t_2，R_2 对应的查询内容是$\{Q_A, Q_B, Q_F\}$，即表 2-2 中的第 4 至第 6 行；在时刻 t_3，R_3 对应的查询内容即$\{Q_A, Q_E, Q_C\}$，即表 2-2 中的第 7～9 行。

表2-2 会话资料

序号	t	R	S
1	t_1	R_1=[(3.5, 0.5), (6.5, 2.5)]	Q_A
2	t_1	R_1=[(3.5, 0.5), (6.5, 2.5)]	Q_B
3	t_1	R_1=[(3.5, 0.5), (6.5, 2.5)]	Q_D
4	t_2	R_2=[(4, 3), (7.5, 3.2)]	Q_A
5	t_2	R_2=[(4, 3), (7.5, 3.2)]	Q_B
6	t_2	R_2=[(4, 3), (7.5, 3.2)]	Q_F
7	t_3	R_3=[(4.5, 5),(9.3, 6.5)]	Q_A
8	t_3	R_3=[(4.5, 5),(9.3, 6.5)]	Q_E
9	t_3	R_3=[(4.5, 5),(9.3, 6.5)]	Q_C

定义 2-16 **背景知识**：攻击者的背景知识是由元组组成的集合，其中每一个元组以(t, x, y, u)的形式存在，表示用户 u 在时刻 t 的位置是(x, y)。

图 2-20 给出了一个关于用户 A（Alice）和用户 B（Bob）的背景知识示例。攻击者知道 A 在时刻 t_1、t_2、t_3 所在位置的坐标分别是(5.1, 2.3)、(5.8, 3.6)、(5.9, 5.8)。

	t	x	y	u
1	t_1	5.1	2.3	Alice
2	t_1	6.4	1.8	Bob
3	t_2	5.8	3.1	Alice
4	t_2	6.9	3.5	Bob
5	t_3	5.9	5.8	Alice
6	t_3	9.2	5.5	Bob

图 2-20　背景知识示例[42]

下面给出连续查询攻击的正式定义。

定义 2-17　**连续查询攻击**：给定会话资料 SP(U)和背景知识 BK(U)，一个在用户 u 上的连续查询攻击即是一个映射 f: BK(U)→SP(U)且满足：

1）针对每一个 $b \in$ BK(U)，在 SP(U)中有唯一确定的 $e \in$ SP(U)与 b 对应。

2）针对每一个 $b \in$ BK(U) 且 $f(b)=e$，满足：

① $(b.x, b.y)$在 $e.R$ 中，即攻击者知道的用户位置在发布的匿名区域 R 内。

② $b.t=e.t$，即背景知识与会话资料中的时间相互对应。

③ 对于所有 $b' \in \{b° \in \mathrm{BK(U)} \mid b°.\mathrm{u} = b.\mathrm{u}\}, f(b').S = e.S$，即用户 u 在所有有效期内，查询内容保持不变。

条件①和条件②表达了用户在给定时间内一定在匿名区域中；条件③要求用户在查询有效期内始终对应一种查询类型。继续前面的例子。根据图 2-20 显示的背景知识，以 $b=(t_1, 5.1, 2.3, \mathrm{A})$为例，对应表 2-2 的会话资料发现只有 R_1 与其对应，满足定义 2-17 的条件 1）；针对 $b=(t_2, 5.8, 3.1, \mathrm{A})$, $b=(t_3, 5.9, 5.8, \mathrm{A})$，其中 $b.u$ 均为 A，且对应的 $e.S$ 均为 Q_A，满足条件 2）。所以图 2-19 所示的例子属于连续查询攻击。

观察发现，连续查询攻击的问题主要是由同一用户（A）在其有效生命期内形成的匿名集不同而造成的。所以解决此问题的最简单方法是让提出连续查询的用户在最初时刻形成的匿名集，在其查询有效期内均有效[40]。如在前面的例子中，用户 A 在时刻 t_1 形成的匿名集是{A,B,D}，则在 t_2、t_3 时刻，匿名集依然是{A,B,D}，如图 2-19 中虚线矩形所示。虽然这种方式成功地保护了查询隐私，但是也将产生新的问题。第一，位置隐私泄露。如在图 2-19b 中，在 t_{i+1} 时刻，A、B、D 位置过于邻近，造成匿名框过小（极端情况下集中于一点），位置隐私泄露。第二，服务质量 QoS 降低。服务质量与数据精度成反比。在 t_{i+2} 时刻，{A,B,D}分布在距离较远的位置，形成的匿名框过大，造成过高的查询处理代价。极端情况下，匿名集中所有用户背向而行，一段时间之后，匿名区将覆盖整个服务区域。由此可见，仅仅简单地把在最初时刻形成的匿名集作为连续查询有效期内的匿名集返回并不能解决问题。

2.5.2 *m*-不变性模型

满足 *m*-不变性模型[42]的匿名算法可以防止连续查询攻击。在给出 *m*-不变性模型的具体定义前，先来看一下文献[42]定义的信息披露风险。

定义 2-18 **信息披露风险**：给定一个会话资料 SP(U), QAA(U)是在用户 U 上所有可能的连续查询攻击集合。设 $QAA_b(U)$是 QAA(U)的子集，可以唯一标识用户真实服务属性的连续查询攻击集合的子集，即给定 $b \in BK(U),\ b.u = U,\ QAA_b(U) = \{f \in QAA(U) \mid \forall b,\ f(b).S = U.S\}$。用户 U 的信息披露风险即在用户 U 上反映真实敏感属性的连续查询攻击在所有连续查询集合中的比值，即 $DR(U) = \dfrac{QAA_b(U)}{QAA(U)}$。

设另一个会话资料如图 2-21 所示，攻击者的背景知识依然如图 2-20 所示。图 2-22 展示了与图 2-20 和图 2-21 所列会话资料和背景知识对应的所有连续查询攻击的可能性。对比图 2-22 和图 2-21 的内容，Alice 和 Bob 对应的敏感属性只可能是 *a*、*b* 两种。图 2-21 枚举了 Alice 和 Bob 对 *a* 和 *b* 的所有对应情况。因此，|QAA(U)|=4。用户 Alice 的真实敏感属性是 *a*，能反映该敏感属性的查询关联性攻击的是第一个和第二个。所以 $|QAA_b(U)|=2$，Alice 的披露风险是 0.5(2/4)。

	t	R	S
1	t_1	R_1	a
2	t_1	R_1	b
3	t_1	R_1	c
4	t_2	R_2	a
5	t_2	R_2	b
6	t_3	R_3	a
7	t_3	R_3	b

图 2-21　会话资料

BK(U)	SP(U)
1: Alice	1: a
2: Bob	2: b
3: Alice	4: a
4: Bob	5: b
5: Alice	6: a
6: Bob	7: b

BK(U)	SP(U)
1: Alice	1: a
2: Bob	1: a
3: Alice	4: a
4: Bob	4: a
5: Alice	6: a
6: Bob	6: a

BK(U)	SP(U)
1: Alice	2: b
2: Bob	2: b
3: Alice	5: b
4: Bob	5: b
5: Alice	7: b
6: Bob	7: b

BK(U)	SP(U)
1: Alice	2: b
2: Bob	1: a
3: Alice	5: b
4: Bob	4: a
5: Alice	7: b
6: Bob	6: a

图 2-22　所有可能的连续查询攻击集合

位置 k-匿名模型保证匿名区域中至少有 k 个用户。然而，在不同的匿名区域中，无法保证每一个匿名区域包含的都是相同的 k 个用户。查询 l-差异性保证在一个匿名集中至少包含 l 个不同的敏感属性值，但却没有要求维护这 l 个不同值要在不同匿名集中保持不变。基于这样的想法，Rinku Dewri 等人提出了查询 m-不变性。

定义 2-19　**查询 m-不变性**：设 R_1, …, R_n 是用户 U 分别在时刻 t_1, t_2, …, t_n 的匿名区域，当 $i>j$ 时，$t_i>t_j$。如果 $\left|\bigcap_{i=1}^{j} S_i\right| \geqslant m$，其中 $S_i=\{u.S \mid u \in \text{Users}(R_i, t_i)\}$，Users($R$, t)表示在时刻 t 在匿名区域 R 中的用户集合，则称该匿名区域 R_j 满足查询 m-不变性。

查询 m-不变性蕴含了位置 m-匿名和查询 m-差异性。文献[42]中证明了满足 m-不变性的匿名集合的泄露风险最多为 $1/m$。一个用户如果可以与多个服务属性值关联，则该用户对应的可能的查询关联攻击的个数会增加。该规则要求在所有时刻的匿名集中都包含多个服务属性值，且该值的个数不能小于 m。在图 2-23 所示的例子中，a 和 b 两个值在所有匿名区域中保持不变，其揭露风险是 1/2。

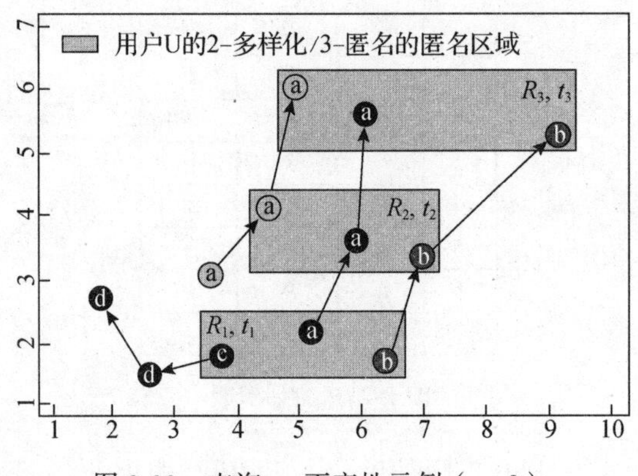

图 2-23　查询 m-不变性示例（m=2）

2.6　小结

2003 年，Marco Gruteser 第一次提出位置连接攻击，在该攻击模型中泄露的是用户标识和查询内容，攻击者的背景知识是用户的精确位置。位置连接攻击体现的是快照位置的隐私泄露风险。由于匿名集合中位置语义相同或查询语义相同而造成的用户隐私泄露被统称为同质性攻击。位置同质性攻击中泄露的是敏感信息（健康状况），攻击者的背景知识是感兴趣点在地图上的分布状况。查询同质性攻击中泄露的也是敏感信息，攻击者的背景知识是用户的确切位置。若用户位置发生连续更新将产生新的攻击模型，典型的有位置依赖攻击和连续查询攻击，其中位置依赖攻击关注的是随时间变化用户的运动模式对位置隐私泄露造成的影响。连续查询攻击模型中关注的是随着时间的变化，由于连续查询内容的不变性而造成的隐私泄露风险。在位置依赖攻击模型中泄露的是用户位置，攻击者的背景知识是移动用户的运动模式。在连续查询攻击模型中泄露的是敏感信息，攻击者具有的背景知识是匿名集中公布的查询类型。

现有的经典匿名模型有 4 种：位置 k-匿名模型、位置 l-差异性模型、p-敏感模型和查询 m-不变性模型，分别保护目标用户的标识、位置和敏感信息。为防止位置连接攻击，文献[8]将在关系数据库中广泛应用的 k-匿名模型应用到位置服务环境中，提出位置 k-匿名模型。2007 年，Liu Ling 借鉴数据发布隐私处理中的 l-差异性模型的思想，提出了位置 l-差异性模型，以防止位置同质性攻击。无论是位置 k-匿名模型还是位置 l-差异性模型，均没有考虑查询语义，进而会产生敏感信息泄露。为解决此问题，Xiao Zhen 等将查询分为敏感与非敏感两类，提出了 p-敏感模型，即在满足 k-匿名模型的基础上，任何用户被认定提出了敏感查询的概率应小于阈值 p。为防止连续查询攻击，文献[42]提出了查询 m-不变性模型，要求在用户查询有效期内，所有匿名集合的敏感属性交集最少有 m 个敏感属性保持不变。

第 3 章‖

快照位置隐私保护方法

众所周知，基于位置服务中的移动对象根据位置的时态性可以分为当前（快照）位置、将来位置和历史位置 3 类。本章主要针对快照位置隐私保护问题，分别介绍感知服务质量、无精确位置和无匿名区域的位置隐私保护方法，这 3 个方法均基于位置 k-匿名模型。第 4 章和第 5 章将分别针对移动对象的可预测将来位置和历史位置介绍相应的隐私保护技术。

3.1 感知服务质量的位置隐私保护方法

基于时空模糊化的位置隐私保护方法通过牺牲位置信息精度和服务质量，保护用户位置隐私。文献[65]将把用户的隐私要求和服务质量要求分开定义，依据考虑服务质量的匿名模型，提出了一个高效的基于有向图的匿名算法。该方法解决的问题场景是当有很多用户提出基于位置的查询时，在满足每一个用户隐私需求和服务质量的情况下，尽可能多地保证用户在查询过期前匿名成功。

3.1.1　问题形式化定义

定义 3-1　**位置服务请求**：移动对象提出基于位置的服务请求，并通过某种加密的方式传递给匿名服务器。每条请求可表示为$r=(\mathrm{id},l,\Delta t,k,\delta,\mathrm{data},t)$，其中：

- id 是每个请求用户的标识符。
- $l=(x, y)$是用户当前的位置。
- 最长匿名延迟时间Δt，即用户能够容忍的匿名处理带来的最长时间延迟。
- 最小匿名度 k，即用户要求自己与至少 k-1 个用户不可区分，即 k-匿名性。
- 最大匿名区域边长δ，即匿名区域和位置点之间可容忍的最大偏差，此处以矩形的半径表示。
- data 是查询内容。

其中，k表达了用户对隐私的要求，而Δt和δ表达了用户对服务质量的要求。

本节介绍的方法采用中心服务器结构。在匿名服务器端，采用时空模糊化思想把用户位置点扩展为一个位置区域L，id 被一些假名替代（如安全的散列码），data 是请求的查询内容，必须发布。经过匿名处理后，最初的服务请求变成了$r'=(\mathrm{id}', L, \mathrm{data})$，其中 id′是假名，传送给服务提供商。

定义 3-2　**双向位置 k-匿名**：给定一组用户服务请求$\{r_1, r_2, \cdots, r_n\}$以及它们被匿名后的请求$\{r_1', r_2', \cdots, r_n'\}$，双向位置 k-匿名模型定义为：对任意一条服务请求r_i，当且仅当以下两个条件成立时，满足k-匿名性：

- r_i的匿名区域$r_i'.L$包含至少其他 k-1 条请求的位置（即$\left|\{j \mid r_j.l \in r_i'.L,\ 1 \leqslant j \leqslant n,\ j \neq i\}\right| \geqslant k-1$）。
- r_i的真实位置点$r_i.l$被至少其他 k-1 条请求的匿名区域所包含（即$\left|\{j \mid r_i.l \in r_j'.L,\ 1 \leqslant j \leqslant n,\ j \neq i\}\right| \geqslant k-1$）。

满足定义 3-2 中第一个条件的请求构成了 r_i 的**位置匿名集**，即 r_i 的匿名区域覆盖了该集合中所有请求的真实位置。攻击者无法从一个匿名区域 $r_i'.L$ 中找出某个特殊用户的位置 $r_i.l$。因为其中包含至少 k 个用户的位置，而且它们不可区分。满足定义 3-2 中第二个条件的请求构成了 r_i 的**标识符匿名集**，即 r_i 的真实位置被该集合中所有请求的匿名区域所覆盖。攻击者无法找出该位置对应的匿名区域，每一条查询请求都跟其他至少 k−1 条请求不可区分。

例如，图 3-1 中表示了来自 4 个不同用户的服务请求及他们的匿名区域。因为 r_1 的匿名区域（实线标示区域）覆盖了 r_1、r_2、r_3，因此 r_1 的位置匿名集是 {r_1、r_2、r_3}。同时，r_1 被 r_1、r_2、r_3、r_4 的匿名区域所覆盖，所以 r_1 的标识符匿名集是 {r_1、r_2、r_3、r_4}。

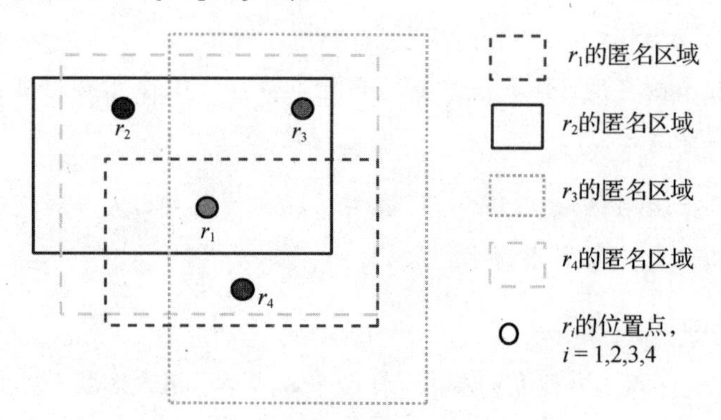

图 3-1　位置匿名集和标识符匿名集

总之，对任何服务请求 r 及其匿名后的请求 r'，文献[65]从以下 3 个方面满足隐私和服务质量需求。

1）隐私：扩展位置点 l 为匿名区域 L，满足定义 3-2。

2）时间上的服务质量：每一条服务请求必须在可容忍匿名时间延迟之前被处理（即 $t+\Delta t$）。

3）空间上的服务质量：匿名区域的大小不超过某个阈值，例如，匿名区域处于一个以 l 为圆心，半径为 δ 的圆 Ω 内（即 $L \subseteq \Omega(l,\delta)$）。

通常，越大的 Δt（或 δ）提供了越灵活的匿名处理机制，但是响应的匿名时间延长（或查询结果稍差）。

3.1.2 基于有向图的匿名算法

针对快照位置的隐私保护算法是基于位置服务中位置隐私保护算法设计的初衷，其目的是把用户的位置转换成匿名区域，以满足用户的隐私和服务质量要求。匿名算法需要解决的两个问题是：第一，什么时候处理哪一条用户请求；第二，给定一条请求，如何为它找到其他的请求以形成位置匿名集、标识符匿名集来满足定义 3-2 的要求。

文献[65]的目标是最大化匿名成功率。因此为了解决第一个问题，规定任何一条请求的匿名处理过程都应该被延迟到它将要过期之前（即 $t+\Delta t-\varepsilon$）完成，其中 ε 是设定的最差时间偏移量。这样的处理使得更多新加入的请求能够参与到这条请求的匿名集合中，并且其他请求也更有机会把该请求包含到自己的匿名集合中，增大平均的匿名成功率。为了解决第二个问题，文献[65]改进文献[44]中的无向图模型，提出构造一个有向图表示所有服务请求之间的关系。

1. 有向图模型

同一个匿名集中的每条请求可以有不同的匿名区域。为所有请求构造一个有向图 $G_{\mathrm{d}}=(V,E_{\mathrm{d}})$，对任意节点 r_i、$r_j\in V$，当且仅当两条请求之间的距离 $|r_ir_j|$ 小于等于 $r_i.\delta$ 时（$|r_ir_j|\leqslant r_i.\delta$），存在一条边 $e_{ij}=(r_i,r_j)\in E_d$ 从 r_i 指向 r_j，表明 r_j 的位置在 r_i 预定义的最大匿名区域范围内。类似地，当且仅当两条请求之间的距离 $|r_ir_j|$ 小于等于 $r_j.\delta$ 时（$|r_ir_j|\leqslant r_i.\delta$），存在一条边 $e_{ji}=(r_j,r_i)\in E_d$ 从 r_j 指向 r_i，表明 r_i 的位置在 r_j 预定义的最大匿名区域范围内。

以图 3-2 中的 4 个查询为例说明有向图的建立。如图所示，系统中有 4 个查询，每一个查询都有自己的最大匿名区域边长 δ。所以每一个查询提出者的最大可接受的匿名区域范围即以用户所在位置为中心、δ 为半径的圆。从图 3-2 可以看出，r_2、r_3 和 r_4 均被 r_1 的最大匿名区域范围所覆盖，所以存在一条从 r_1 到 r_2、r_1 到 r_3、r_1 到 r_4 的有向边。类似地，由于 r_1 被 r_3 的最大匿名范围所覆盖，所以存在从 r_3 到 r_1 的有向边。类似地，最终可以得到有向图，如图 3-2b 所示。

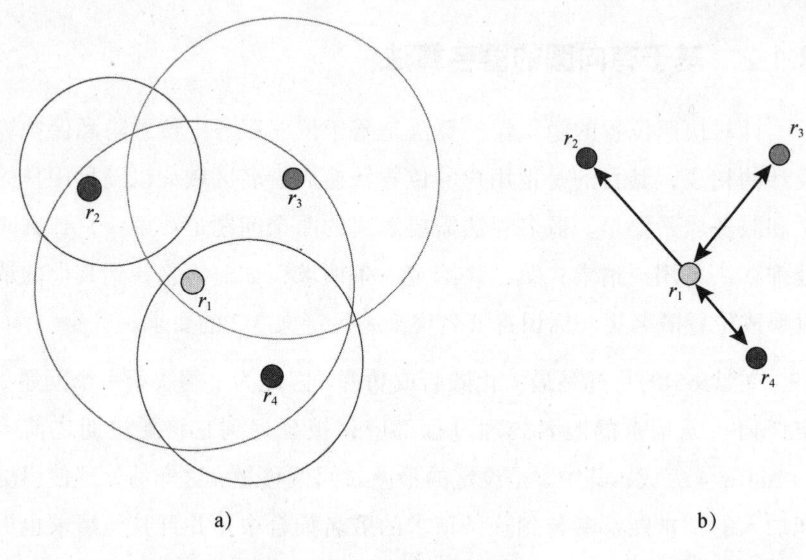

图 3-2　有向图模型示意图

2. 匿名算法的基本思想

根据可接受服务质量建立有向图。基于该有向图，对任意请求 r_i，其位置匿名集由其在图中的所有出邻居形成，表示为 $r_i.U_{\text{out}}=\{r_i\}\cup\{r_j\mid(r_i,r_j)\in G_{\text{d}}(V,E_{\text{d}})\}$；标识符匿名集由它在图中的所有入邻居形成，表示为 $r_i.U_{\text{in}}=\{r_i\}\cup\{r_j\mid(r_j,r_i)\in G_{\text{d}}(V,E_{\text{d}})\}$。对任意请求 r_i，将维护一个标志 flag 来表示它的状态。例如，flag=unanonymized 表示 r_i 还未处理；flag=forwarded 表示 r_i 已经被成功匿名并发送给服务提供商，但还未从图中删除。当在 $r_i.U_{\text{out}}$ 和 $r_i.U_{\text{in}}$ 中均包含至少 k-1 条已经成功匿名的请求时，即：

$$\left|\{j\mid r_j\in r_i.U_{\text{out}},r_j.\text{flag}=\text{forwarded},\ j\neq i\}\right|\geqslant k-1$$

且

$$\left|\{j\mid r_j\in r_i.U_{\text{out}},r_j.\text{flag}=\text{forwarded},\ j\neq i\}\right|\geqslant k-1$$

r_i 可以被成功匿名。r_i 的匿名区域被表示为位置匿名集中所有位置点的最小边界矩形（Minimum Bounding Rectangle，MBR）（表示为 $\text{MBR}(r_i.U_{\text{out}})$）。$r_i$ 的匿名区域满足定义 3-2 的双向位置 k-匿名。初始化时，没有任何请求被标记为“forwarded”，利用文献[66]中的 CliqueCloak

预热。

设匿名服务器中某一时刻有向图的状态如图 3-3 所示。这里利用图 3-3 说明算法的基本思想。图 3-3 中展示了用户服务请求的位置及相应的最小匿名度要求 k，并按照它们的匿名处理截止时间由近及远编号。假设 r_0 已经被成功匿名（ $r_0.\text{flag} = \text{forwarded}$ ）。根据匿名处理截止日期依次处理每一个查询。首先，r_1 找到匿名集 $U_{\text{in}} = U_{\text{out}} = \{r_0, r_1, r_2, r_3\}$ 。因为 r_0 已经被成功匿名，满足 $r_1.k = 2$ ，我们可以成功为 r_1 形成匿名区域 $\text{MBR}(r_0, r_1, r_2, r_3)$ 。然后，r_2 找到匿名集 $U_{\text{in}} = \{r_5, r_1, r_2, r_3\}$ 和 $U_{\text{out}} = \{r_0, r_1, r_2, r_3\}$ 。因为 r_0 和 r_1 已经成功匿名，满足 $r_2.k = 2$ ，我们可以成功地为 r_2 形成匿名区域 $\text{MBR}(r_0, r_1, r_2, r_3)$ 。类似地，所有其他的请求都成功匿名为 $r_3'.L = \text{MBR}(r_1, r_2, r_3, r_4, r_5)$ ，$r_4'.L = \text{MBR}(r_3, r_4)$ ， $r_5'.L = \text{MBR}(r_2, r_3, r_4, r_5)$ 。文献[65]允许不同的服务请求具有不同的匿名区域，因此，匿名算法具有更高的匿名成功率。

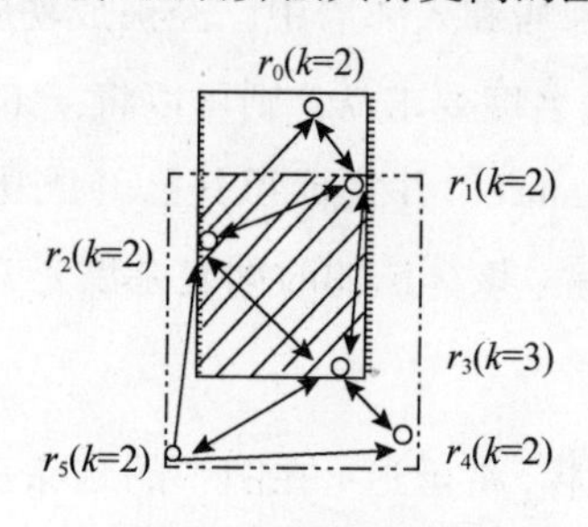

图 3-3 算法示例

3. 算法流程

采用一个动态的常驻内存的有向图表示所有用户的请求。为了方便有向图的构造和维护，构造一个空间索引（如 R 树）来索引所有请求的位置点。在该空间索引上，可以执行范围查询来迅速找到某个请求在图中的邻居，方便构造图中的边。除此之外，使用小顶堆，并根据每条请求的最长匿名截止时间（即 $t + \Delta t$ ）索引所有服务请求，按照该顺序处理所有服务请求，并监测每条服务请求是否过期。该算法包括数据结构维护、匿名处理和生成假数据 3 个阶段。

（1）数据结构维护

当新收到一条请求 r_i 时，首先更新空间索引和堆，创建相应的插入项。

接下来通过空间索引来更新图。在空间索引中执行以该请求的位置点 $r_i.l$ 为中心、$\delta_{\max}$ 为半径的范围查询，其中 $\delta_{\max}$ 是所有用户提出的匿名区域的半径的最大值。搜索得到的请求组成 r_i 在图中的邻居候选集。对候选集中任意 r_j，如果 r_i 和 r_j 之间的距离小于等于 $r_i.\delta$，则构造从 r_i 到 r_j 的一条有向边；如果该距离小于等于 $r_j.\delta$，则构造从 r_j 到 r_i 的一条有向边。最后，更新各自的邻居集合。$r_i.n$ 表示出邻居和入邻居集合的秩之和（$|U_{\text{in}} \cup U_{\text{out}}|$）。

（2）匿名处理

设请求 r 是当前小顶堆中第一个将要过期的请求。首先把 r 的匿名时间限制 $r.t + r.\Delta t$ 跟当前的时间 t_{now} 比较。如果 $r.t + r.\Delta t - t_{\text{now}} \leqslant \varepsilon$，则立即对 r 做匿名处理。否则，将推迟 r 的匿名处理过程到时间 $r.t + r.\Delta t - \varepsilon$。在匿名算法里，计算 r 的出邻居和入邻居中已经被成功匿名了的数目，如果它们都超过了 r 的最小匿名度要求 k，则可以将 r 的位置处理为匿名区域 $r' = (\text{pid}, \text{MBR}(r.U_{\text{out}}), r.\text{data})$，并且标识其已经成功发送。否则，匿名过程失败，$r$ 将从图里删除。该算法的时间复杂度是 $O(n)$，其中 n 是 r 的邻居数目。

当 r 被成功匿名之后，将延迟 r 在图中的删除直到它的所有邻居都被处理完。这是为了避免由于它被提前删除而丢失它与其他节点的邻居关系，当其他节点之后在处理时，由于邻居数减少，被匿名成功的机会也减小。因此，将对 r 的所有出邻居和入邻居做一遍扫描。其中每个邻居自己的未处理邻居数将减 1。如果 r 正好是某个已处理节点的最后一个待处理邻居，则可以将该节点从图中删除。如果所有 r 的邻居都在 r 之前成功处理，则 r 自己也可以从图中删除。不管匿名过程是否成功，都需要将 r 从空间索引和堆中删除。

（3）生成假数据

当匿名处理失败时，可以利用生成假数据的方法来达到 100%的成功率。这时，只需为每条请求 r 维护入邻居和出邻居的值，不需维护标识 flag。如果入邻居和出邻居的值都达到了隐私度要求 k，则匿名肯定成功。

否则，就生成假数据使得该请求的入邻居和出邻居数目满足条件。该算法的时间复杂度是 $O(1)$。

假数据的生成是根据以下要求进行的。首先，假数据必须位于位置匿名集和标识符匿名集中，以使得隐私度提高。其次，假数据必须和其他数据不能区分。最后，假数据也必须满足真实请求的服务质量要求。因此，为了避免扩大已有的匿名区域，每一个假数据的位置 d 随机分布在 $\mathrm{MBR}(r.U_{\mathrm{out}})$ 中。每一个假数据自身的匿名区域随机分布在 $\mathrm{MBR}(\{r,d\})$ 和 $\mathrm{MBR}(r.U_{\mathrm{out}})$ 之间，同时必须覆盖 r。这使得假数据和 r 都互相成为入邻居和出邻居，攻击者也无法分辨出假数据了。

3.2 无精确位置的位置隐私保护方法

3.1 节采用降低用户位置时空粒度的方法实现位置 k-匿名模型。为达到此目的，很多工作假设存在一个可信实体。例如，中心服务器结构中可信实体指匿名服务器，分布式点对点结构[59, 43]中可信实体指头节点。网络中的所有用户向该实体发送真实位置。可信实体根据接收到的真实位置为查询请求用户寻找位置邻近的用户并形成匿名集，匿名集的最小边界矩形作为匿名区域发布。上述描述存在一个很强的假设，即“所有用户均可信”。

然而，实际应用中并非如此。第一，网络中不存在任何可信实体。每一个用户都可能成为恶意用户，向第三方提供他人真实位置或其他敏感信息。如图 3-4 所示的匿名集符合位置 3-匿名。但是由于 A 和 B 相互串通，告知了相互位置。所以用户 C 可以被推断一定位于阴影区域内，用户 C 的位置隐私泄露。第二，由于不存在任何可信实体，所以不是所有用户都愿意共享真实位置。为寻找邻近用户而利用的“精确位置”正是用户想要保护的对象。因此，很多利用确切位置寻找匿名集的方法应用领域有限。

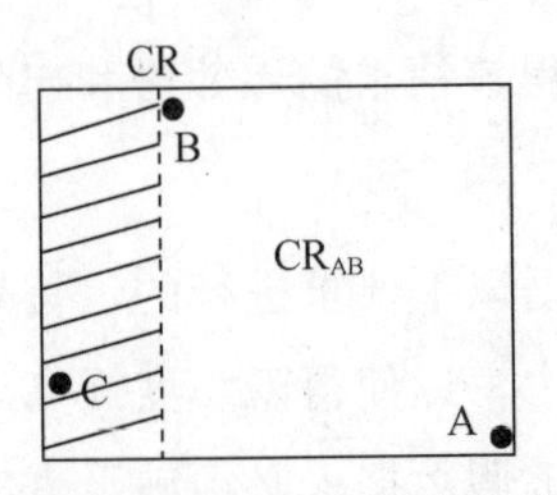

图 3-4　位置隐私泄露示例

由于网络中不存在任何可信实体，本节介绍的方法采用混合分布式系统结构，利用基于 *k* 最近邻（*k*NN）图的匿名方法，通过“协作”的方式生成匿名区域，为半可信用户提供位置隐私保护。具体来讲，每一个用户通过无线信号强弱维护一个当地（local）*k* 最近邻，并发送给第三方，如基站。第三方通过每一个注册用户发来的 *k*NN 维护一个 *k* 最近邻图。为保证最近邻的一致性，把图划分为若干个极大团，并通过极大团扩展寻找匿名集。在找到的匿名集中，每个用户均根据自己的隐私需求向匿名区贡献一点位置，基于这种思想协作生成匿名框。

3.2.1　系统结构

本节介绍混合分布式系统结构，该系统结构融合了分布式系统结构和移动自组网络（Mobile Ad-hoc Network），具体包括客户端、认证服务器和服务提供商，如图 3-5 所示。移动用户通过无线和移动网络访问 LBS 服务。同时，移动用户之间通过 Ad-hoc 或 WiFi 建立点对点连接。因此，在该系统中具有很多个移动自组网络，在图 3-5 中用虚线框表示。

移动客户端是配有 WiFi、红外等无线感知设备的移动设备。文献[61]第一次提出移动用户通过判断对等点间的信号强弱（RSS）或对象到达基站的时间差（TDOA）获知其附近存在用户，进而维护一个 *k* 最近邻用户集合。所以移动客户端根据感知的邻近用户信息，在本地维护 *k*NN 邻近用户集合，并定期发送给认证服务器。此外，移动客户端在接收到认证服务器的用户分组信息后，通过协作形成匿名区域。

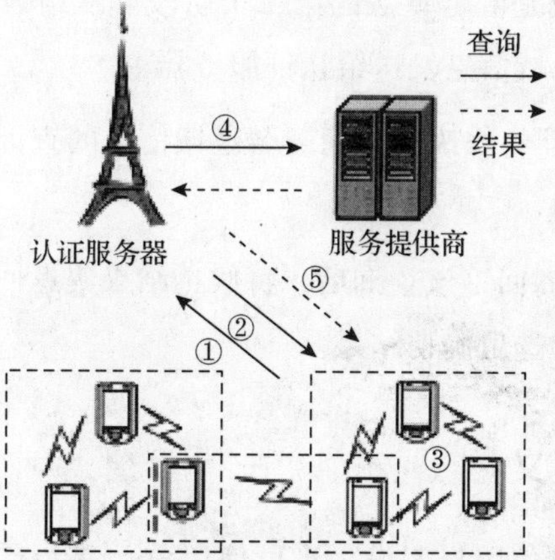

图 3-5　系统结构

认证服务器有 3 个作用。第一，注册请求 LBS 服务的移动用户。第二，根据移动用户发送来的 *k*NN 信息维护邻近关系图。邻近关系图中的顶点代表移动用户，边表示两个顶点表示的用户是 WiFi 邻居。边上的权值表示两个邻接用户的相对距离。图 3-6 即是一个邻近关系图的示例。第三，利用邻近关系图为用户分组，寻找匿名集。虽然认证服务器在这里也参与了用户的分组匿名工作，但是认证服务器并不知道用户的确切位置信息，有的仅是用户的位置邻近信息。服务提供商的作用是回答基于模糊位置的查询并返回查询结果给用户。具体工作流程如下所示。

1）用户首先在认证服务器上注册 LBS 服务。然后打开无线传感设备，本地维护 *k*NN 信息，并定期发送给认证服务器。当用户提出 LBS 服务请求时，不包含位置信息的 LBS 查询请求通过授权加密的网络连接发送给认证服务器。

2）认证服务器根据所有注册用户发来的 *k*NN 信息更新、维护近邻关系图。匿名算法的第一个阶段被触发，即利用匿名集生成算法将所有用户分组，为查询提出用户寻找合适的匿名组。携带组内成员列表给相应成员发送通知信号。

3）组内成员通过自组织的方式利用匿名区域生成算法协作计算匿名框。匿名框的生成是匿名算法的第二个阶段。从组内随机选取一个用户将新生成的匿名区域信息发送给认证服务器。

4）认证服务器将修改后包括匿名区域信息的查询请求发送给服务提供商。

5）服务提供商回答该查询后，将候选结果集返回给用户。用户根据自己真实的位置挑选出确切结果。

3.2.2 问题定义

本节采用半可信用户假设。半可信用户[58]是指严格遵循工作协议，但却可能从中间结果推测他人隐私信息的用户。通过观察发现，半可信用户 u 具有两种背景知识：内部知识（InK_u）和外部知识（ExK_u）。InK_u 是用户 u 自己的知识，如 u 自己的精确位置。ExK_u 是由其他参与者告知的知识，包括认证服务器计算的中间结果、串通用户告知的确切位置等。基于内部和外部知识，定义 *p*-抗同谋隐私模型。

定义 3-3 ***p*-抗同谋隐私模型：** 设每个移动用户 u 可以接受的隐私泄露的概率最大为 *p*。对于系统中的任意用户 u_j，如果

$$P_{u_j}(u \mid (InK_{u_j} + ExK_{u_j})) \leqslant p$$

则称用户 u 满足 *p*-抗同谋隐私模型。$P_{u_j}(u \mid (InK_{u_j} + ExK_{u_j}))$ 表示的是任意用户 u_j 利用自己完整的背景知识（即 $InK_{u_j} + ExK_{u_j}$）推算用户 u 敏感信息的概率记为 $P(u)$。本节关注的是敏感位置信息，故定义 3-3 指每一个半可信用户的精确位置泄露概率不能超过 *p*。

利用图 3-4 所示例子理解定义 3-3。用户 A 和 B 相互串通，因此，A 已知自己的确切位置（InK_A）、B 的确切位置（ExK_A）和发布的匿名区域 CR（ExK_A）。因此 A 可以得到一个与用户 B 的串通区域 CR_{AB}。用户 C 一定存在于阴影区域内，即 $CR-CR_{AB}$。因此，$P_A(C \mid InK_A + ExK_A)) = \dfrac{1}{Area(CR - CR_{AB})}$。

如果 $Area(CR-CR_{AB})$ 太小，则 $P_A(C \mid InK_A + ExK_A)) > P_C$。用户 C 不满足

p-抗同谋隐私模型，所以 C 的位置隐私泄露。

服务空间中的移动用户通过两个参数设置隐私需求：匿名度 k 和抗同谋隐私需求 p。因此，在用户半可信的情况下，匿名集合的定义如下。

定义 3-4　**匿名集**：设 CS 是用户集合，与该集合相关的匿名区域为 CR。CS 是匿名集，CR 是匿名区域当且仅当：

1）$|CS| \geqslant k$，$|CS|$表示集合 CS 的大小。

2）$\forall u \in CS$，u 满足 p-抗同谋隐私模型。

3）用户 u 的位置被 CR 覆盖，同时用户在 CR 中任意位置出现的概率相同。

4）maxT 是用户可容忍的最差服务质量，匿名集 CR 的匿名区域大小 $Area(CR) \leqslant maxT$。

前两个条件保证 CS 是一个匿名集，后两个条件保证 CR 是一个匿名区域。具体来讲，条件 1 保证了匿名集符合位置 k-匿名模型；条件 2 保证了即使匿名集中$|CR|-1$ 个用户相互串通，用户 u 的位置隐私也不泄露；条件 4 用于保证服务质量。

位置隐私保护的基本任务即将服务空间中的用户分组，每一个分组中的每一个用户的隐私需求均得以满足，同时该分组组成的匿名集匿名代价最小。本质上，该问题是一个组合优化问题。同时，由于用户间不可信，每一位用户均不发布精确位置，而是通过判断对等点间的信号强弱判定用户的邻近关系。文献[61]中利用带权无向图表示用户间的邻近关系，并证明了在该图上寻找匿名集的问题等价于在图中寻找 k-簇的问题。所以在邻近关系图上寻找匿名集的问题可以形式化为定义 3-5。

定义 3-5　**图划分**：V 是图中所有顶点组成的集合，$P=\{P_1, P_2, \cdots, P_n\}$，其中：

- $P_1 \cup P_2 \cup \cdots \cup P_n = V$，其中 P_i 是一个连通子图。
- 对于任意的 i、j，$P_i \cap P_j = \varnothing$。

- 设 d_i 是 P_i 的直径，$\text{CostG}=\sum_{i=1}^{n}d_i$ 最小。

其中每一个连通子图是一个匿名集合。

定理 1：在邻近关系图中寻找代价最小的划分是NP-完备问题。

众所周知，计算图的直径问题是一个 NP-完备问题[67]，所以寻找所有直径加和最小也是NP-完备问题。为降低计算代价，文献[62]中采用近似计算,用连通子图权值和最小替代图直径最小作为寻找匿名集的标准。

3.2.3 无精确位置的匿名算法

从3.2.1节的工作流程发现，匿名算法包括两个阶段：第一阶段，将用户分组，每一个组中任意两个对象都相互邻近，从而使得匿名集的总代价最小；第二阶段，在每一个匿名组中，利用“协作”的方式生成匿名区域。

1. 寻找匿名集

Ding 等在文献[60]中用实验证明了对象相互最近邻一致性可以改善聚类质量，本节介绍的方法旨在寻找满足最近邻一致性的匿名集。

定义 3-6 ***k* 相互最近邻一致性：**设用户集合 U，如果 $\forall v_i$、$v_j\in U$，并且 $v_i\in l\text{NN}(v_j)$，同时 $v_j\in l'\text{NN}(v_i)$，其中 $l\text{NN}(v_i)$表示 v_i 的 lNN 组成的集合。令 $k=\min(l, l')$，则称该集合用户满足 k 相互最近邻一致性。

为找到满足 k 相互最近邻一致性的匿名集，采用 k 最近邻图表示服务空间中用户间的邻近关系。

定义 3-7 ***k* 最近邻图：**k 最近邻图（k-Nearest Neighbor Graph，kNNG）是一个无向带权图 $G(V, E,\omega)$。其中：

1）V 是活动用户组成的集合。

2）E 是无向边组成的集合：

$$E=\{(v_i,v_j)|\ \forall v_i,\ v_j\in V,\ v_j\in k\text{NN}(v_i)\text{并且 }v_i\in k\text{NN}(v_j)\}$$

其中 kNN(v_i)是 v_i 的 kNN 组成的集合。

3）ω 表示对象间的邻近度。值越小说明两个点的距离越近，反之说明距离较远。

条件 2 的物理意义是只有两个顶点互为彼此的 k 最近邻时，顶点之间才存在一条边。图 3-6 给出了一个 k 最近邻图的例子，ω(A,B)=3，ω(B,I)=4，说明 I 较 A 来讲距离 B 较远。2NN(A)={B，I}同时 3NN(B)={A，I，C}，则 A 和 B 之间存在一条边，同理可得其他边。注意，虽然这里给出的 kNNG 是一个连通图的例子，但实际上在大部分情况下，kNNG 是一个非连通图，由多个连通图分量组成。

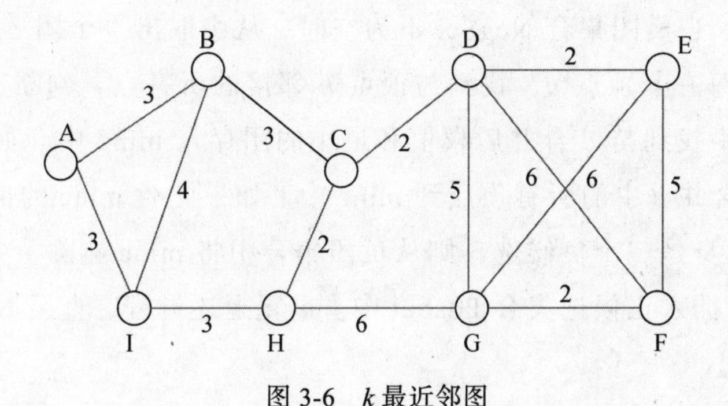

图 3-6 k 最近邻图

从 kNNG 中寻找满足最近邻一致性的用户集即从 kNNG 中寻找团[62]。不幸的是，在图中寻找某点所在团是一项指数级的工作。但是庆幸的是，在寻找独立子集上有很多经典工作。所以文献[62]首先计算图 G 的补图 $\overline{G}$，然后利用经典的 WP 着色算法（Welsh-Powell Algorithm）在 $\overline{G}$ 上寻找所有极大独立子集。这些极大独立子集正是图 G 的极大团集合。具体来讲，首先将图 G 的所有顶点按度数非降序排序。然后从顶点序列中依次取出每一个顶点，为其着上一个未使用过的最小色号，重复这个过程直至所有的顶点已着色。最后将具有相同颜色号的顶点放入同一个集合 $uset_i$ 中。这样每一个 $uset_i$ 即对应一个图 G 的极大团。以图 3-6 中的图 G 为例，根据该算法求得极大团集合{{A，B，I}，{C，H}，{D，E，F，G}}。

将所有的极大团集合分为两类：正团和负团。

定义 3-8 **正团和负团**：CS 是由极大团组成的集合。对于任意极大团 $C \in$ CS，如果$|C| \geq k$，则称该团为正团；否则，称此团为负团。

继续上面的例子，如果 k=4，则团{A，B，I}、{C，H}均为负团，团{D，E，F，G}为正团。当 k 值较大时，由 CWP 着色算法生成的可能大部分是负团，不能满足隐私度 K 的需求。

为了解决此问题，提出扩展策略。基本思想是取出负团中的每一个顶点，进行宽度优先搜索，将与该负团邻接的、合并后权值和最小的团选择出来，进行合并。重复上述过程，直至负候选的数量为零。具体来讲，设 NegSet 是由所有负团组成的集合，将其按照团权值和非降序排序。当负团集合 NegSet 不为空时，从中取出一个团 c；依次取出团 c 中每一个顶点 n，找到与顶点 n 邻接的所有点，判断这些点所在团。从中找到与 c 合并后权值和最小的团存入 minc 中。如果 minc 存在，则合并 c 中的所有顶点到 minc 中。如果此时 minc 的值大于 k，且 minc 本身是一个负候选，则从负团集合中将 minc 删除，并将合并后的 minc 插入正候选集合 PosSet 中。重复上述过程，直至 NegSet 不为空。

如在前面的例子中，NegSet={{H，C}，{A，B，I}}。取出{H，C}，与 H 和 C 邻接的权值最小团均为{A，B，I}，则将 C、H 分别插入{A，B，I}中。此时{A，B，C，H，I}已变为正候选，将{A，B，I}从 NegSet 中删除。

2. 寻找匿名区域

在本节的“1. 寻找匿名集”中已将用户按照互相临近的原则分组，这里将介绍组内用户如何在不暴露精确位置的前提下，共同协作生成匿名区域。

在定义 3-3 中给出了 p-抗同谋隐私模型。在此节，为简单起见，将此模型具体化为：设匿名集合为 CS，u 为 CS 中的任意用户，当 CS 中|CS|−1 个用户相互串通时，串通用户根据中间结果和背景知识推测 u 在一维空间上的位置范围为[loc1l，loc1r]，则|loc1r−loc1l|的值不能小

于 P (P=$p$min(width, height))，其中 p 是用户的最小隐私需求，width/height 为系统的宽/高）。如果一维情况下的 x(y)轴方向上，用户位置隐私分别得到了满足，则用户的精确位置也不存在泄露的危险。

匿名区域生成的基本思想是：作为提出查询的触发用户，首先做出牺牲，提出一个满足触发用户最小隐私度的候选匿名区域。将候选匿名区域依次传递给匿名集中的其他用户，其中每一个用户选取候选匿名区域 Top/Down（Right/Left）方向中的一个，根据自身隐私需求，生成适当的随机数 δ。在选取的扩展方向上，将候选匿名区域的长和宽扩展 δ。

文献[62]将用户相对于矩形的位置分为 4 类：x 型点（x point），y 型点（y point），xy 型点（xy point）和内型点（inside point），如图 3-7 所示。然后，根据用户点的位置类型，设计不同的扩展规则。从攻击者的角度看，用户均是从候选匿名区域 x 和 y 方向上分别扩展了 δ_n。不同位置的用户类型在外界看来无异，维护了用户的位置隐私。

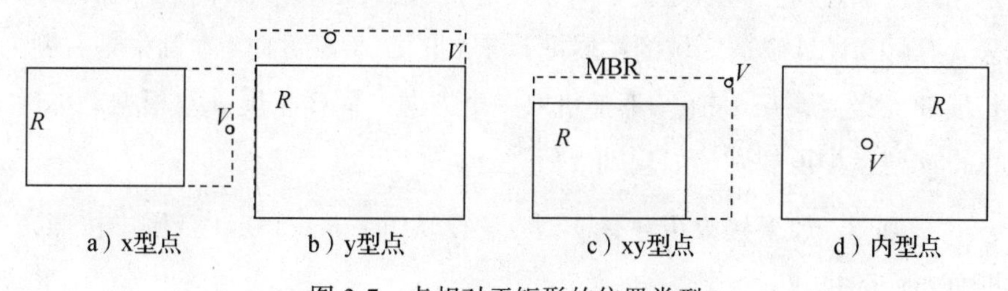

图 3-7　点相对于矩形的位置类型

规则 1：触发用户从[P, maxT]范围内随机取两个数 R_1 和 R_2，其中 maxT 是系统值，说明了用户可接受服务质量的最差值。分别以 R_1 和 R_2 作为长和宽，生成一个覆盖用户当前位置的矩形 R。用户真实位置随机出现在该矩形内的任意一点。

触发用户将此候选区域 R 发送给匿名集中的其他用户，接收用户根据自己位置点的类型选择扩展规则。方便起见，设 wid 为候选区域 R 的宽，hgt 为候选区域 R 的高。

规则 2：如果接收用户 u 是 x 型点，设从[b_n，maxT−wid]范围中按照

高斯分布取随机数 r_{n}，其中：

$$b_{\mathrm{n}}=\begin{cases}C_x, & \text{如果wid}+C_x\geqslant V.P\\ V.P-(\text{wid}+C_x), & \text{如果wid}+C_x<V.P\end{cases}\tag{3-1}$$

其中 C_x 是用户 u 在 x 轴方向上对边界的贡献。设扩展长度为 δ_{n}，则：

$$\delta_{\mathrm{n}}=\begin{cases}r_{\mathrm{n}}, & \text{如果wid}+C_x\geqslant V.P\\ r_{\mathrm{n}}+C_x, & \text{如果wid}+C_x<V.P\end{cases}\tag{3-2}$$

从 Top/Down 方向上随机选取一个方向 dir，则在用户贡献 C_x 的方向和选取的方向 dir 上扩展 δ_{n}。

以图 3-7a 的 x 型点为例说明规则 2。要生成一个覆盖 V 点的矩形 R'，矩形 R 右侧边界至少向右（right）扩展 $C_x=V.x-R.r$，其中 $V.x$ 是 V 的 x 坐标，$R.r$ 是矩形 R 的右侧边界在 x 轴上的坐标。当 wid+C_x>$V.P$ 时，扩展底线 b_{n} 是 C_x，因为扩展最小值已满足用户的隐私需求；当 wid+C_x<$V.P$ 时，扩展底线 $b_{\mathrm{n}}=V.P-(\text{wid}+C_x)$，扩展度 $\delta_{\mathrm{n}}=C_x+r_{\mathrm{n}}$。总之，在[$b_{\mathrm{n}}$，maxT−wid]范围内按照高斯分布取随机数 r_{n}，其中 b_{n} 按公式（3-1）计算。然后按照公式（3-2）计算候选区域的扩展度，将 R 在 C_x 贡献方向（本例中是右侧）扩展 δ_{n}。最后，从 y 轴上/下随机取一个方向，同样扩展 δ_{n}。根据对称性可得 y 型点扩展规则，如规则 3 所述。

规则 3：如果接收用户是 y 型点，设从[b_{n}，maxT−hgt]范围中按照高斯分布取随机数 r_{n}，其中：

$$b_{\mathrm{n}}=\begin{cases}C_y, & \text{如果hgt}+C_y\geqslant V.P\\ V.P-(\text{hgt}+C_y), & \text{如果hgt}+C_y<V.P\end{cases}\tag{3-3}$$

设扩展长度为 δ_{n}，则：

$$\delta_{\mathrm{n}}=\begin{cases}r_{\mathrm{n}}, & \text{如果hgt}+C_y\geqslant V.P\\ r_{\mathrm{n}}+C_x, & \text{如果hgt}+C_y<V.P\end{cases}\tag{3-4}$$

从 Right/Left 方向上随机选取一个方向 dir，则在用户贡献 C_y 的方向和选取的方向 dir 上扩展 δ_{n}。

规则 2 和规则 3 的补充规则：对规则 2 和规则 3 需要补充说明的是，

在对边界没有贡献的方向，如果候选区域的高（宽）在扩展 δ_n 后依然小于用户的隐私度，则从两个方向上次扩展 Δ_n，其中 $\Delta_n=V.P-$扩展后匿名区域的高（宽）。

结合规则 2 和规则 3，可得 xy 型点的扩展规则。

规则 4：设利用规则 2 计算 x 方向的扩展度 δ_x，利用规则 3 计算 y 方向的扩展度 δ_y，候选匿名区域的扩展度 $\delta_n=\max(\delta_x,\delta_y)$。从 C_x 和 C_y 贡献的方向上均扩展 δ_n。

规则 5：如果接收用户是内型点，并且候选匿名区域 R 的宽或高小于用户最小隐私需求 $V.P$，则在[$V.P-\min(\text{wid, hgt})$，$\max T-\min(\text{wid, hgt})$]范围内按照高斯分布取随机数 δ_n。并随机地从 Top/Down 和 Left/Right 方向上任取一个方向 dir1 和 dir2。在 dir1 和 dir2 方向上同时扩展 δ_n。

具体来讲，匿名区域生成算法：触发用户 ut 按规则 1 生成初始矩形 R。当 CR 中存在未访问用户时，从用户 ut 开始进行深度优先遍历，选择具有最小边权值的点 ut′。根据 ut′相对于 R 的类型选择相应的规则生成随机数并进行扩展。如果不存在扩展的区域，说明覆盖该用户的矩形已超过最差服务质量要求，该用户 ut′是异类点（outlier point），从 CR 中去除，取出与 ut 临接的下一个边权值最小的点，重复上述过程，直至已遍历 CR 中的所有用户。如果此时 CR 的值依然大于 K，则将 CR 作为匿名集，伴随生成的匿名区域 R 一起返回；否则将 CR 中的所有用户均放入失败用户集合。

继续前面的运行例子，A、B、C、H、I 组成匿名集，假设其真实位置如图 3-8 所示。用户 C 是触发用户，根据规则 1，C 生成了矩形 R_1。与 C 邻接的用户有 B 和 H。通过比较权值，C 将 R_1 发送给 H。H 相对于 R_1 来讲是一个 xy 型点，故根据规则 4 计算扩展度 δ_1，向 C_x 和 C_y 方向均扩展 δ_1，得矩形 R_2，如图 3-8b 所示。H 将 R_2 发送给 I，I 是内型点，并且 R_2 的宽高均满足 I 的隐私需求，故 I 直接将 R_2 发送给 A。A 相对于 R_2 来讲是一个 x 型点，根据规则 1 向左向上扩展 δ_2 得 R_3，如图 3-8c 所示，并转交给 B。B 发现已在该匿名区域内，故最终以 R_3 作为匿名区域返回。

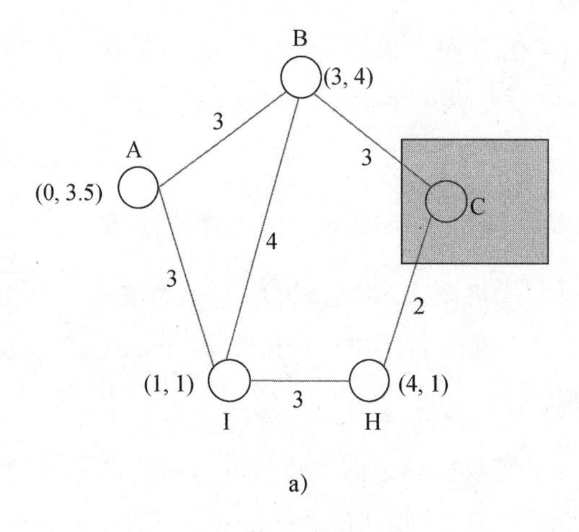

a)

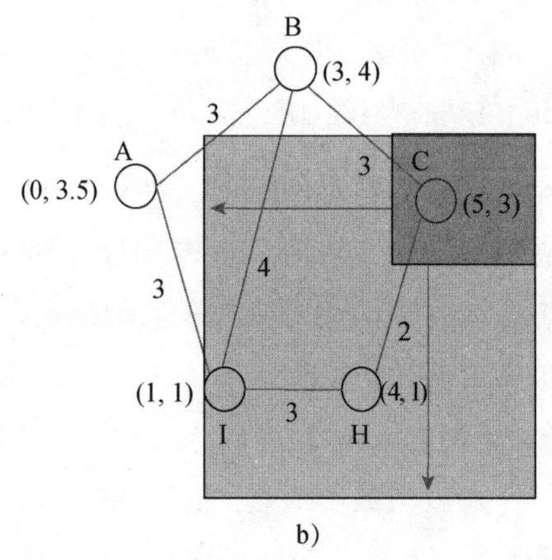

b)

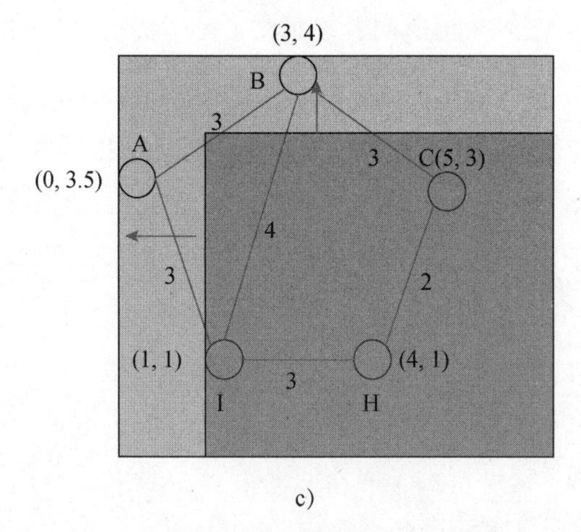

c)

图 3-8 匿名区域生成示例

3.3　无匿名区域的位置隐私保护方法

目前大多数基于 k-匿名模型的研究都采用中心服务器的结构，如 3.1 节介绍的方法。然而，使用中心服务器结构存在如下问题：第一，中心服务器容易成为系统性能瓶颈和集中攻击点；第二，中心服务器掌握所有用户的位置信息和查询信息，如果被黑客攻击，隐私泄露严重；第三，使用中心服务器代理查询会消耗额外的计算资源和通信代价。鉴于中心服务器结构的诸多不足，越来越多的研究采用无中心服务器结构的隐私保护方法。大多数无中心服务器结构的方法都采取用户协作的方法来计算满足 k-匿名的区域。该方法虽然避免出现性能瓶颈和集中攻击点，但基于匿名区域的查询仍然需要位置服务提供商和用户端进行大量的计算和较大的通信代价。此外，很多方法[59, 43, 63, 64]假设协作用户之间是可信的，如果恶意用户相互串通，其他用户的隐私将受到威胁。

结合用户协作结构和增量近邻查询处理的优点，本节介绍一种基于用户协作的隐私保护方法 CoPrivacy。该方法不需要中心服务器，不生成匿名区域，用户之间通过单跳和多跳协议形成匿名组。组内用户使用该组形成区域的密度中心作为锚点，并使用该锚点代替自己的真实位置向服务提供商发起增量的近邻查询。最后，每个用户根据自己的真实位置和增量近邻查询返回的结果计算得到精确的近邻查询结果。

3.3.1　系统结构

随着移动设备的发展，客户端的计算能力和存储能力大幅提升，将计算模块放入客户端的系统结构变得切实可行。本节介绍的 CoPrivacy 系统结构由移动用户和服务提供商两部分组成。移动用户通常为含有定位设备的手机或者其他终端，它包含了通信协议、位置匿名以及查询处理 3 个模块。位置服务提供商为提供位置服务的服务器，它主要提供基于位置的近邻查询、范围查询等服务，如图 3-9 所示。在该系统架构中，假定所有的移动用户都是可信的。

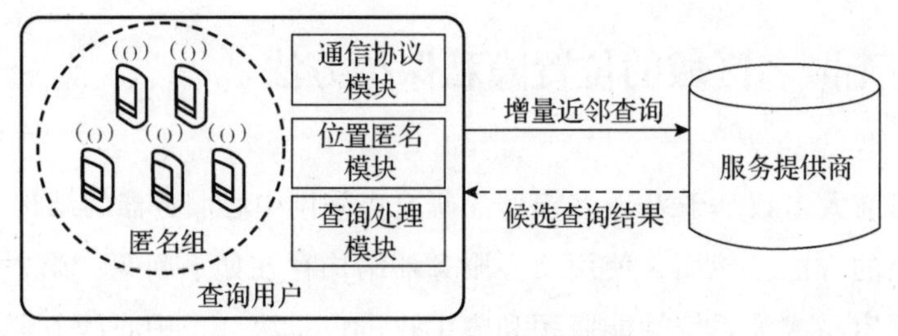

图 3-9　CoPrivacy 体系结构

在通信协议模块中，移动用户支持两种通信方式：P2P 通信和无线互联网通信。其中 P2P 通信方式用来与其他移动用户进行自组织通信，无线互联网用来向位置服务提供商发起查询并取得查询结果。P2P 通信可以通过无线局域网（WLAN）或蓝牙等方式实现，无线互联网主要为基于移动基站的 2G、3G 或 4G 网络。该模块包含了一种用户协作的通信协议，移动用户通过单跳或多跳的方式向近邻的移动用户互相通信。在位置匿名模块中，移动用户可以根据自己的隐私需求设置个性化隐私保护参数 k 和 s。其中，k 表示相对匿名度，即用户与其他 $k-1$ 个移动用户无法区分；s 表示用户的相对匿名区域半径。在通信协议模块中得到近邻用户后，位置匿名模块根据用户设置的参数将至少 k 个用户组成一个匿名组，计算该匿名组所在区域的密度中心并将其作为锚点。查询处理模块中，匿名组中的用户使用该匿名组的锚点代替自己的真实位置向服务提供商发出增量近邻查询。每个用户根据自己的真实位置和增量近邻查询返回的结果计算得到精确的近邻查询结果，并保证返回近邻查询结果覆盖的区域半径大于等于 s。

3.3.2　问题定义

在给出算法的具体流程前，先说明两个必要的定义。

定义 3-9　查询 Q：用户发出的查询 Q 可以表示为 $Q=\{l, v, t, \mathrm{con}, k, s\}$，其中，$l=(x, y)$表示查询发出的位置，$x$ 表示位置的经度，y 表示位置的纬度；v 表示查询发出时的运动速度；t 表示查询发出的时刻；con 表示用户输入的查询内容；k 表示用户指定的匿名参数；s 表示用户指定的匿名区域半径。

其中参数 l、v、t 可由 GPS 定位设备直接获得；参数 con、k、s 是需要用户指定的内容。参数 k 和 s 是用户设置的隐私保护参数，k 越大，隐私保护效果越好，但需要更长的时间来发现近邻用户；s 越大，用户的隐私保护效果越好，但是增量近邻查询处理时间越长。

定义 3-10　***k*-匿名组（*k*AG）**：k-匿名组形式化地表示为 kAG= {gid, k, anchor}，其中，gid 表示该匿名组的标识符；k 表示该匿名组中包含的用户数；anchor 表示该匿名组的锚点，也就是每个成员发出查询时使用的位置，它可通过计算匿名组的密度中心获得。

3.3.3　CoPrivacy 位置隐私保护方法

在用户协作的隐私保护系统中，查询用户有 3 种状态：不在任何匿名组中；已在匿名组中但未获得锚点；已在匿名组中且已获得锚点。不在任何匿名组中的用户在发出查询时通过 P2P 单跳或多跳通信的方式发现近邻用户，如果近邻用户的数目大于 k，则形成满足 k-匿名的匿名组，此时，组内的用户已在匿名组中，但未获得锚点。然后，计算该组用户的 MBR 密度中心所在的位置并将其作为锚点。以广播的形式将锚点发送给组内的所有用户，组内用户都在匿名组中，且获得了锚点。最后，用户用锚点代替自己的真实位置发出查询，查询结束后，匿名组解散，用户重新回到初始状态。具体来说，上述过程可以分为 P2P 节点发现、计算锚点、广播锚点 3 个步骤。

步骤 1：P2P 节点发现

不在任何匿名组中的查询用户 rq 在进行近邻查询前，先进行节点发现。节点发现的基本思想是通过逐渐增加跳数，寻找并发现邻近节点。具体做法为：①rq 首先生成新的组编号 gid，并将广播跳数 h 设置为 1，将已发现邻居节点集 P 置为 {∅}，已发现节点个数 n 置为$|P|$，即为 0。组内用户隐私需求参数 k'为用户隐私需求参数 rq.k。②广播节点发现的消息 FORM_GROUP，消息内容为参数 h 和 gid，并等待邻居节点的响应。③接收到响应消息的节点集合 P'后，rq 将 n 置为 P'中节点个数，并将 k'

更新为 P'中所有节点最大的隐私需求参数 k。④比较 n 和 $k'-1$，如果 $n > k'-1$，说明发现的节点数已经满足所有节点的匿名需求参数 k，不再广播节点发现的消息，否则先比较 P 和 P'。如果二者相等，说明增加跳数无法发现更多的节点，无法通过广播节点发现的消息获得更多用户，节点发现结束，匿名失败；如果二者不相等，说明增加广播跳数可以发现更多用户，将 h 加 1，P 置为 P'，继续广播节点发现消息 FORM_GROUP，等待用户响应。⑤节点发现完毕后，用户 rq 将自身节点加入到已发现邻居节点集 P，已发现节点个数 n 置为$|P|$。

邻居节点 r0 在收到节点 rq 发送的节点发现消息 FORM_GROUP 后的处理流程如下：①r0 首先检查 r0.gid 是否为空，或者 r0.gid 是否等于接收到的 gid。如果不满足条件，则说明用户已经加入别的组，无须响应当前接收到的 FORM_GROUP 消息；如果满足条件，r0 首先将自己的组编号 r0.gid 置为接收到的 gid，将已发现的节点集合 Tp 置为$\{\varnothing\}$。②r0 检查接收到的广播跳数 h。如果 $h>1$，说明接收到的 FORM_GROUP 消息需要多跳广播，r0 将 h 减 1 后继续广播 FORM_GROUP 消息（消息内容为 h 和 gid）并等待邻居节点的响应。接收到邻居节点的响应后，r0 将响应节点 Tp'集合设置为已发现的节点集合 Tp。③r0 将包含自身的编号 id、位置 r0.l、隐私需求参数 r0.k、运动速度 r0.v 和时间戳 t 的元组加入 Tp，并将 Tp 发送给请求节点 rq。

步骤 2：计算锚点

用户 rq 发现邻居节点集 P 后，首先计算 P 中所有节点的 MBR（记为 R)。计算 R 的密度中心 c 并将其作为锚点。最后将自身的锚点 rq.anchor 置为 c，组内用户个数 rq.gn 置为 n。

步骤 3：广播锚点

用户 rq 计算得到锚点 c 后，将广播获得锚点消息 ANCHOR_ACQUIRED，消息内容为 c、n、h 和 gid。将获得的锚点广播给组内的所有用户。邻居节点 r0 接收到获得锚点消息 ANCHOR_ACQUIRED 的处理流程如下：r0 首先检查自身的组编号 r0.gid 是否与接收到的 gid 相同，如果不相同则不作出响应；如果相同则将自身的锚点 r0.anchor 置为接收到的锚点 c，将组内用户个数 r0.gn 置为接收到的组内用户个数 n，并记录获得锚点的时间 r0.t 为当前时间。最后检查接收到的广播跳数 h，如果 h 大于 1，说明接收到的 ANCHOR_ACQUIRED 消息需要多跳广播，r0 将 h 减 1，再广播一次获得锚点消息 ANCHOR_ACQUIRED，消息内容为 c、n、h 和 gid。

通过上述 3 个步骤，发出查询的移动用户通过相互协作组成了匿名组，且组内的每个移动对象都得到了锚点。此时，用户可以用锚点代替自己的真实位置发出查询。

3.4　小结

本章主要针对快照位置隐私保护问题，分别介绍感知服务质量、无须精确位置和无须匿名区域的位置隐私保护方法。3.1 节首先介绍了一种感知服务质量的支持位置 k-匿名模型的位置隐私保护方法，其中用户可以提出隐私和服务质量的要求。为了实现感知服务质量的位置 k-匿名模型，介绍了一种高效的基于无向图的匿名算法，并通过使用假数据来达到 100%的匿名成功率。

3.2 节针对服务网络中无可信实体的问题，提出了一种在混合式分布式环境下，为半可信用户提供无须精确位置的位置隐私保护方法。该方法根据用户信号强弱判断位置邻近性，是一种在 KNNG 上基于极大团的匿名算法，并通过“协作”的方式完成匿名区域生成过程。在匿名集的匿名区域的形成过程中均无须用户发布精确的位置。

3.3 节针对中心服务器结构存在性能瓶颈和集中攻击点的问题，介绍了一种用户协作无匿名区域的隐私保护方法 CoPrivacy，该方法通过用户之间协作形成匿名组，匿名组内的用户用该组的密度中心代替真实位置发出查询。CoPrivacy 在不使用匿名区域的情况下达到了 k-匿名效果，不牺牲用户的服务质量，并且提高了匿名系统的整体性能。

第 4 章‖

动态位置隐私保护

第 3 章介绍的方法针对用户的“快照位置”提供位置隐私保护，忽略了基于位置服务中用户的“移动”特性。基于位置服务中的用户位置信息具有时序依赖性的特点，所以位置隐私保护技术不仅要考虑移动用户的当前位置，同时需要顾及用户的运动模式或未来位置。本章考虑的场景是当用户位置发生更新时如何为用户的“动态位置”提供隐私保护：4.1 节和 4.2 节分别针对已知用户的运动模式、连续查询类型介绍相应的隐私保护方法；为防止用户在未来位置发生隐私泄露问题，4.3 节介绍一种基于隐秘位置推理攻击的隐私预警机制。

4.1 移动用户位置隐私保护技术

首先简单回顾一下在 2.4 节提到的位置依赖攻击。如果基于空间随机化的位置隐私保护方法只关注用户的快照位置，而忽略了用户位置连续更新，当攻击者搜集用户历史匿名区域，同时知晓用户的运动模式（如最大运动速度）时，将产生位置依赖攻击。设 t_i 和 t_{i+1} 是两个连续的时刻，R_i 和 R_{i+1} 分别是 t_i 时刻和 t_{i+1} 时刻发布的匿名区域。在用户运动模式已知（即最大运动速度）的情况下，通过 R_i 可以确定在 t_{i+1} 时刻的最大运动边界 $\text{MMB}_{t_i,t_{i+1}}$；通过 R_{i+1} 可以确定在 t_i 时刻的最大可达范围 MAB_{t_{i+1},t_i}。防止位置依赖攻击的位置隐私保护工作的主要目标是，确保 t_{i+1} 时刻的匿名区域 R_{i+1} 要满足：①R_{i+1} 与 $\text{MMB}_{t_i,t_{i+1}}$ 的交集不会违反用户的隐私需求；②根据 R_{i+1} 获得的 MAB_{t_{i+1},t_i} 与 R_i 的交集不违反用户的隐私需求。

在文献[70]中证明了防止位置泄露的安全性（Location Disclosure Safety Property）具有传递性的特点，也就是说只要保证两个连续匿名区域不产生位置依赖攻击，则其他更早发布的匿名区域也是安全的。所以在匿名算法中，一般仅考虑用户前后两个连续时刻发布的匿名区域。在 4.1.1 节中先介绍两种直观的保护方法，在 4.1.2 节中将介绍一种基于极大团的增量维护的隐私保护方法。

4.1.1　两个直观的保护方法

文献[39]中第一次提出了根据发布的匿名区域与最大运动边界限定用户确切位置的问题，并提出了两个简单的保护方法：打补丁和延迟。虽然文献[39]提出该问题之初，并没有考虑最大可达范围与上一个时刻的匿名区域的交集将产生隐私泄露的问题，但是打补丁的方法对防止 2.4 节中定义的位置依赖攻击依然有效。

打补丁的基本思想是利用第 3 章介绍的静态位置隐私保护技术中的一种，获得用户在 t_{i+1} 时刻的候选匿名区域 R_{i+1}。为防止位置依赖攻击，扩展候选匿名区域，直至其覆盖上一个时刻的匿名框 R_i。如此，t_i 时刻匿名区域的最大运动边界 $\text{MMB}_{t_i,t_{i+1}}$ 与当前匿名区域的交集至少等于上一个时刻的匿名区域 R_i。类似地，t_{i+1} 时刻的最大可达范围 MAB_{t_{i+1},t_i} 与 R_i 的交集也是 R_i。而已发布的 R_i 是满足用户隐私需求的。

如此利用上一个时刻的匿名区域为当前时刻的匿名区域打补丁，防止了位置依赖攻击。

图 4-1 是打补丁方法的示意图。R_i 是用户在上一个时刻发布的匿名区域。在未考虑位置依赖攻击的前提下，计算用户在下一个时刻 t_{i+1} 的匿名区域是 R_{i+1}（右上角矩形）。为防止位置依赖攻击，将右上角的矩形同上一个时刻的匿名区域 R_i 合并，共同组成 t_{i+1} 的匿名区域 R（即覆盖 R_i 和 R_{i+1} 的最小边界矩形）。此时 $\mathrm{MMB}_{t_i,t_{i+1}}$ 与 R 的交集即图 4-1a 中的阴影区域。类似地，根据合并后的匿名区域 R 计算 $\mathrm{MAB}_{t_{i+1},t_i}$，即图 4-1b 中的虚线圆角矩形。可以看出 $\mathrm{MAB}_{t_{i+1},t_i}$ 完全覆盖 R_i。但是此方法的缺点是匿名区域的大小随着时间急剧增加，服务质量骤降。

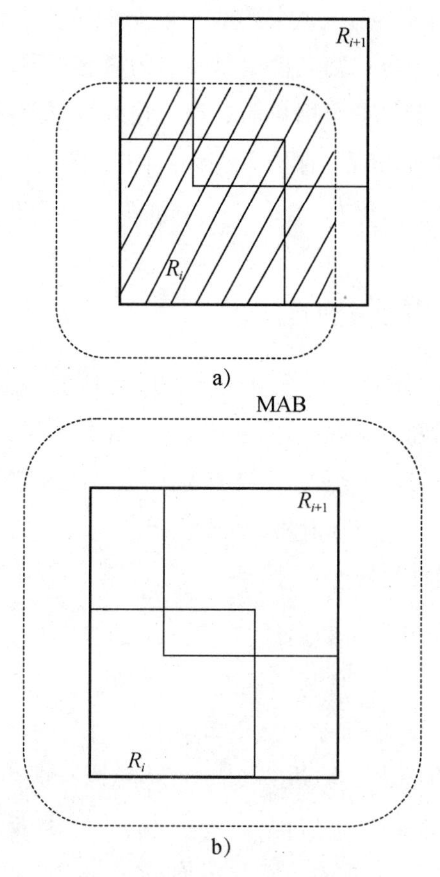

图 4-1　打补丁方法的示意图

文献[70]中第一次提出根据最大可达范围与上一个时刻发布的匿名区域可以推断用户确切位置的问题。为解决位置依赖攻击的问题，与文献[39]类似，通过延迟发布查询达到防止位置依赖攻击的目的。基本思想是：延迟 Δt 个时刻发布 t_{i+1} 时刻的匿名区域，直至当前匿名区域 R_{i+1} 足以被 $\mathrm{MMB}_{t_i,t_{i+1}}$ 完全覆盖以及上一个时刻匿名区域 R_i 可以被 $\mathrm{MAB}_{t_{i+1},t_i}$ 完全覆盖。图 4-2 是一个仅考虑 $\mathrm{MMB}_{t_i,t_{i+1}}$ 是否能覆盖 R_{i+1} 的延迟发布示意图。在 t_{i+1} 时刻本该发布匿名集 R_{i+1}，但是由于 MMB_{t_i,t_i+1}（内层虚线的圆角矩形）无法完全覆盖 R_{i+1}，所以直到 $t_{i+1}+\Delta t$ 时刻，$\mathrm{MMB}_{t_i,t_{i+1}}$ 可以整个覆盖 R_{i+1} 时，才发布此匿名区域。类似地，可以计算获得 $\mathrm{MAB}_{t_{i+1},t_i}$ 完全覆盖 R_{i+1} 的延迟时间 $\Delta t'$。两个延迟时间取较大者。在此类方法中如何确定延迟时间 Δt 是关键。文献[70]中通过计算两个连续时刻的匿名区域的豪斯多夫距离（Hausdorff Distance）[68]来确定延迟时间 Δt。此类方法的缺点是在 $t_{i+1}+\Delta t$ 时刻，用户可能已经发生位置更新，不存在于生成的匿名区域中。

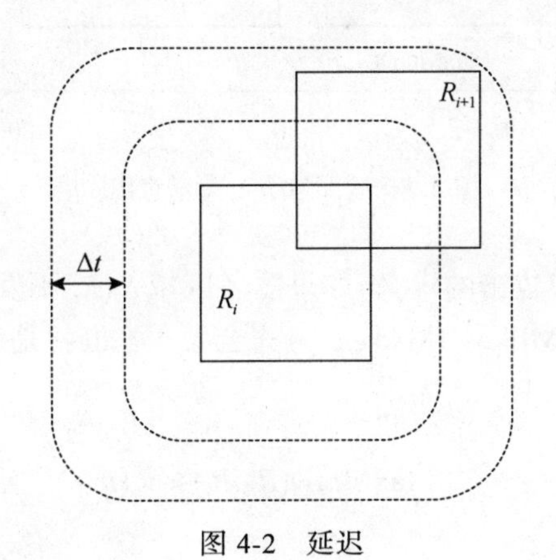

图 4-2　延迟

4.1.2　基于极大团的保护方法

文献[29]将连续位置更新整合到匿名过程中，提出了一种增量式基于极大团的匿名方法 ICliqueCloak。该方法以空间粒度和位置 k-匿名作为隐私保护的标准，结合移动对象位置频繁更新的特点，在无向图中增量维护极大团组成的集合。匿名集直接从极大团的集合中寻找。在给出算法概要前，首先定义两个矩形间的最大最小距离和匿名集的需求。

定义 4-1 **最大最小距离**：设 R_i 和 R_j 是两个不同的匿名区域，从 R_i 到 R_j 的最大最小距离定义为[77]：

$$\text{MaxMinD}(R_i, R_j) = \max\{\forall p \in R_i | \min\{\forall q \in R_j | \text{distance}(p, q)\}$$

直观上讲，MaxMinD(R_i, R_j)表示了 R_i 中的任意一点 p 到达 R_j 中距离 p 最近的点 q 的距离中的最大值。该距离是有向距离，即 MaxMinD(R_i, R_j) ≠ MaxMinD(R_j, R_i)。如在图 4-3 中，MaxMinD(A, B)=9，MaxMinD(B, A)=12。

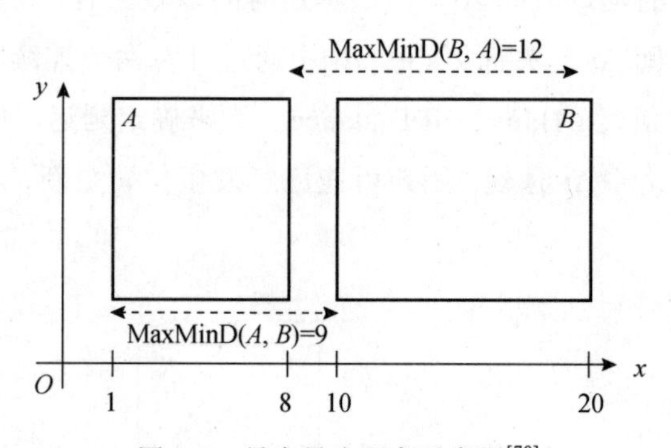

图 4-3　最大最小距离示意图[70]

根据位置依赖攻击的定义，如果匿名区域 $R_j(R_i)$不发生位置隐私泄露，则 $R_j(R_i)$必须被 $\text{MMB}_{\text{u},t_i,t_j}$ ($\text{MAB}_{\text{u},t_j,t_i}$) 完全覆盖。也就是说，从 R_i 到 R_j（从 R_j 到 R_i）的最大最小距离要满足

$$\text{MaxMinD}(R_i, R_j) \leqslant v_\text{u}(t_j - t_i) \tag{4-1}$$

和

$$\text{MaxMinD}(R_j, R_i) \leqslant v_\text{u}(t_j - t_i) \tag{4-2}$$

所以匿名集定义如下。

定义 4-2 **匿名集**：设 CS 为用户集合，在 t_i 时刻 CS 的最小边界矩形（Minimum Bounding Rectangle，MBR）为 R_{u,t_i}。对于 CS 中的任意用户 u，其上一个时刻的匿名区域为 $R_{\text{u},t_{i-1}}$。CS 是匿名集当且仅当其中的任

意用户 u 满足下面的性质：

1）$\text{MaxMinD}(R_{\text{u},t_i}, R_{\text{u},t_{i-1}}) \leqslant v_{\text{u}}(t_i - t_{i-1})$。

2）$\text{MaxMinD}(R_{\text{u},t_{i-1}}, R_{\text{u},t_i}) \leqslant v_{\text{u}}(t_i - t_{i-1})$。

3）隐私度 $k_{\text{u}} \leqslant |\text{CS}|$。

4）最小面积需求 $A_{\min} \leqslant \text{Area}(\text{MBR}(\text{CS}))$。

条件1和条件2共同确保了匿名区域在任意时刻均不产生位置隐私泄露；条件3是为了满足位置 k-匿名模型，即保证不发生查询隐私泄露；条件4确保在密集区域中形成的匿名区不会太小而缩成一个点。

直观上，当有新的查询请求到来时，应该使用最大最小距离寻找安全的 $R_{\text{u},i}$。但是，另一方面，$R_{\text{u},i}$ 又是计算最大最小距离的输入。因此，ICliqueCloak 算法的基本思想是：首先计算出候选匿名集，然后通过扩展匿名区域某些方向上的边界，使候选集中的任何一个用户均可免受位置依赖攻击。

具体做法如下所示。

1）首先找到被彼此最大运动边界 MMB 相互覆盖的用户集。使用图模型形式化地表示此问题：每一个用户在图中用一个节点表示，两个节点（用户）之间存在一条边当且仅当它们的当前位置被彼此的 MMB 覆盖。通过扫描每一个用户的当前位置和 MMB 可以获得一个无向图 $G(V, E)$。文献[44]中证明了在图 $G(V, E)$中寻找满足位置 k-匿名的匿名集等价于在图中寻找 k-点团。在无向图中寻找所有极大团是一项非常耗时的工作，文献[29]中提出一种更有效的增量式维护极大团的匿名算法。

2）在无向图 $G(V, E)$中寻找 k-点团，团中的所有用户组成候选匿名集 CS，候选匿名集的最小边界矩形（Minimum Boundary Rectangle，MBR）作为候选匿名区域 CR_i。匿名集 CS 中的每一个用户的当前位置都被其他用户的 MMB 覆盖，保证了 CS 中所有用户在 t_{i+1} 时刻的位置不泄露，即满足公式（4-2）。

3）最后，检查 CS 中的每一个用户是否安全，如果不安全则通过调整 CR_i 的边界使其免受由于位置依赖而造成的位置隐私泄露。具体来讲，对于 CS_i 中的每一个用户 u，计算它的 MaxMinD($R_{u,\ i-1}$，CR_i)。如果违反了公式（4-1），则扩展 CR_i 的某些边界位置，直到 CR_i 的新 MAB 覆盖 $R_{u,\ i-1}$。最后，扩展后的 CR_i 作为匿名区域 R_i 发布。

下面用一个简单的例子说明该过程。在图 4-4a 中有 4 个不同的查询请求 v_1、v_2、v_3、v_4，以及根据用户在上一个时刻发布的匿名区域 $R_{v_i,t_{i-1}}$ 获得其 MMB_{v_i,t_{i-1},t_i}。从图 4-4a 中可以看出 MMB_{v_2,t_{i-1},t_i} 和 MMB_{v_3,t_{i-1},t_i} 覆盖 v_1，同时 MMB_{v_1,t_{i-1},t_i} 也覆盖 v_2 和 v_3。因此，v_1 和 v_2 之间存在一条边，v_1 和 v_3 之间存在一条边。同理，在 v_1 和 v_4、v_2 和 v_3 之间也分别存在一条边，如图 4-4b 所示。当有新查询请求 v_5 到达时，按照图模型的定义，在 v_1 和 v_5、v_2 和 v_5、v_3 和 v_5 之间分别建立一条边（如图 4-4b 的虚线所示）。此时，可以从图中发现团 $\{v_1, v_2, v_3, v_5\}$。设 $k_{v_1}=k_{v_2}=k_{v_3}=k_{v_4}=4$，$k_{v_5}=3$，团的大小（即团中包含的顶点个数）为 4，大于团中任何用户的最低隐私需求。同时，如果 $\text{Area}(\text{MBR}(\{v_1,v_2,v_3,v_5\})) \geqslant \max\limits_{v\in\{v_1,v_2,v_3,v_5\}} A_{\min v}$，则 $\{v_1, v_2, v_3, v_5\}$ 的 MBR 作为候选匿名区域 CR_i 返回。

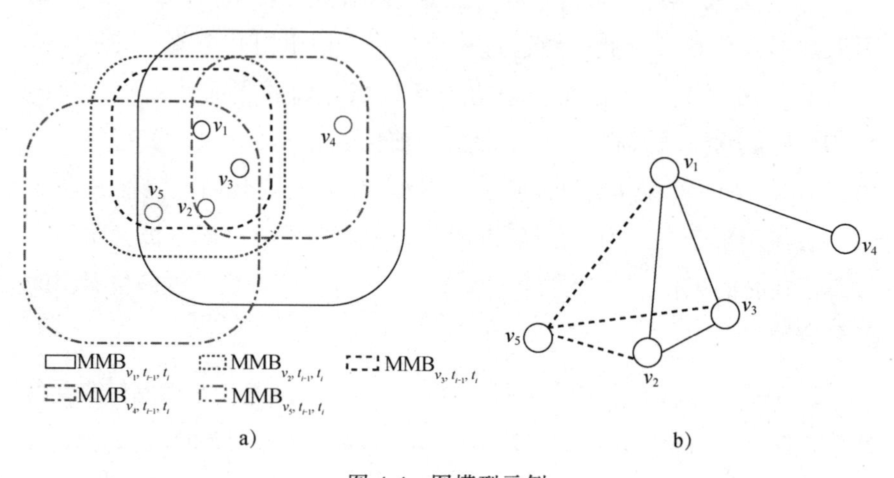

图 4-4　图模型示例

最后，检查 $\{v_1, v_2, v_3, v_5\}$ 中的每一个用户在时刻 t_{i-1} 的匿名区域 $R_{v_i,t_{i-1}}$ 是否被从时刻 t_{i-1} 到 t_i 的 CR_i 的 MAB 所覆盖。简单起见，以用户 v_5 为例

进行说明，如图 4-5 所示。实心点是用户 v_5 在时刻 t_{i-1} 的位置，虚线点是其在时刻 t_i 的位置。实线矩形为用户 v_5 在时刻 t_{i-1} 的匿名区域 $R_{v_5,t_{i-1}}$ 。虚线圆角矩形为用户 v_5 从时刻 t_{i-1} 到 t_i 的 $\mathrm{MAB}_{v_5,t_i,t_{i-1}}$ 。从图 4-5 中可以看出，$\mathrm{MAB}_{v_5,t_i,t_{i-1}}$ 不能完全覆盖 $R_{v_5,t_{i-1}}$ ，所以 v_5 存在位置隐私泄露的危险。因此，对匿名区域 P_1、P_2、P_3、P_4 进行扩展，P_1、P_4 向左延伸至 P_1'、P_4'，MAB 也随之延伸，如实线圆角矩形所示。此时，$R_{v_5,t_{i-1}}$ 被完全覆盖。假设新获得的匿名区域依然被每一个用户的 MMB 所覆盖，则扩展后的 P_1'、P_2、P_3、P_4'作为最后的匿名区域发布。

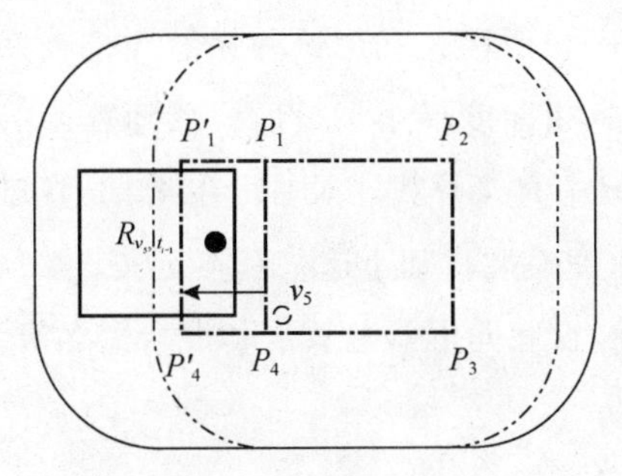

图 4-5　匿名区域扩展示例

4.2　连续查询位置隐私保护技术

连续查询位置在查询有效期内动态发生变化。4.1 节与 4.2 节的不同点在于：4.2 节关注的是连续查询，即用户在查询有效期内提出的是相同查询实例；这与 4.1 节设定的场景迥异，在 4.1 节中每一个用户在不同时刻提出的查询实例可以不同。如 2.3 节所述，如果直接将静态位置的隐私保护技术应用于连续查询，将产生连续查询攻击。所以需要根据连续查询自身的特点，设计针对连续查询的隐私保护方法。众所周知，用户未来的位置依赖于用户的运动速度和连续查询的有效期。理想状态下，在同一匿名集的所有用户同速朝同一方向运动，匿名区域大小在查询有效期内保持不变。但不幸的是，这种情况并不多见，用户位置邻近性会随着移动用户的运动而改变。连续查询的位置动态变化，造成很难找到一个匿名区域使其在查询有效期内的每一个时刻服务质量均最优。所以连续查询隐私保护问题的最大挑战在于：在查询有效期内伴随位置频繁更新，如何同时保证最好的查询服务质量和隐私不泄露。

文献[75]中提出了 δ_p-隐私模型和 δ_q-扭曲度模型来均衡隐私保护与服务质量这一矛盾，通过匿名框的周长形式化定义匿名位置信息的可用性。正如文献[73]中所述，运动模式相似的移动对象将最终聚在一起形成簇（cluster）。基于这个结论，文献[75]中提出将位置信息扭曲度定义为两个移动对象间的时序相似性，利用这种相似性将查询聚集在一起，使得每一个簇的位置信息扭曲度最小。最后，伴随查询的运动，增量维护这些簇。匿名集则从簇中直接寻找。本书将在 4.2.1 节介绍时序相似度、δ_p-隐私模型和 δ_q-扭曲度模型，基于这些基本定义，4.2.2 节至 4.2.4 节分别介绍贪心匿名算法、自底向上匿名算法和混合匿名算法。

4.2.1 基本定义

如果采用空间随机化方法保护位置隐私，位置信息的粒度越低，隐私保护度越高，但是数据可用性就越差。文献[75]中使用信息扭曲度（distortion）来评价位置数据可用性。换句话说，扭曲度反映位置信息丢失率，即为保护隐私牺牲了多少信息。数据扭曲度越高，数据可用性则越差。

1. 基于扭曲度的时序相似性定义

一个基于位置的查询 Q，形式化地表示为 $Q=(l,\overline{v},t,T_{\exp},\text{con})$，其中：$(l,\ \overline{v},t)$表示查询 Q 在时刻 t 的位置为 l，并且运动速度为 $\overline{v}$；$T_{\exp}$ 表示该查询过期时间；con 表示查询内容，如最近医院等。

设 Qset 是一组提出连续查询的移动用户组成的集合，$R_{L,t}$=($L_{x-,t}$，$L_{y-,t}$，$L_{x+,t}$，$L_{y+,t}$)是覆盖 Qset 中所有用户的最小边界矩形（Minimum Boundary Rectangle，MBR），其中($L_{x-,t}$，$L_{y-,t}$)和($L_{x+,t}$，$L_{y+,t}$)分别是 MBR 的左下角和右上角在时刻 t 的坐标，$R_{v,t}$ 是 $R_{L,t}$ 的速度边界矩形（Boundary Velocity

Rectangle，BVR）。$R_{v,t}=(v_{x_{\min},t}, v_{y_{\min},t}, v_{x_{\max},t}, v_{y_{\max},t})$，其中 $v_{x_{\min},t}=\min(v_{x+,t}, v_{x-,t})$，$v_{x_{\max},t}=\max(v_{x+,t}, v_{x-,t})$，$v_{y_{\min},t}=\min(v_{y+,t}, v_{y-,t})$，$v_{y_{\max},t}=\max(v_{y+,t}, v_{y-,t})$。$v_{x-,t}/v_{x+,t}$ 是 MBR 在 x 方向上的左/右边界速度，$v_{y-,t}/v_{y+,t}$ 是 MBR 在 y 方向上的下/上边界速度。注意 $v_{x_{\max},t}/v_{y_{\max},t}$ 和 $v_{x_{\min},t}/v_{y_{\min},t}$ 不一定是 Qset 中查询在 x/y 方向上的最大与最小速度。也就是说，边界速度会随着查询的运动而改变，所以 $R_{v,t}$ 和 $R_{L,t}$ 均是关于 t 的分段函数，

$$(L_{x-,t}, L_{y-,t}) = (L_{x-,t_{i-1}}, L_{y-,t_{i-1}}) + (v_{x-,t}, v_{y-,t})\times[t-t_{i-1}]$$

$$(L_{x+,t}, L_{y+,t}) = (L_{x+,t_{i-1}}, L_{y+,t_{i-1}}) + (v_{x+,t}, v_{y+,t})\times[t-t_{i-1}],\ t\in[t_{i-1},t_i]$$

如图 4-6 所示，一个用户集合包括 $Q_1\sim Q_5$ 5 个查询，括号中的数字表示该查询的运动速度，箭头代表运动方向。则 R_{L,t_i}=(1，1，4，2)，R_{v,t_i}=(−1，−3，1，2)。本节假设一个用户在有效期内仅拥有一个查询。换句话说，当上一个查询未过期，用户不会提出新的查询。所以用户和查询存在一一对应的关系。下面不特殊说明，在无混淆的情况下，查询和用户交替使用。

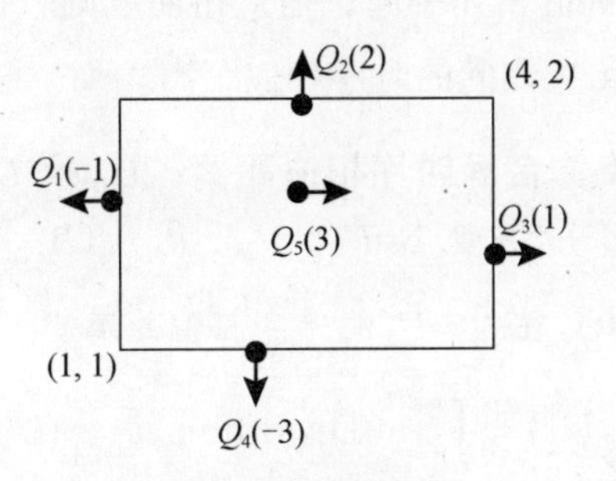

图 4-6　边界速度图

定义 4-3　**扭曲度**：假设查询 $Q\in$ Qset，Qset 在时刻 t 的 MBR（VBR）为 $R_{L,t}$（$R_{v,t}$）。A_{height}、A_{width} 分别是整个空间的高与宽。查询 Q 在时刻 t 的扭曲度定义为：

$$\text{Distortion}_{R_{v,t}}(Q, R_{L,t}) = \frac{(L_{x+,t}-L_{x-,t})+(L_{y+,t}-L_{y-,t})}{A_{\text{height}}+A_{\text{width}}}$$

则 Q 在其有效期内，总信息扭曲度为：

$$\int_{T_s}^{T_{\exp}} \text{Distortion}_{R_{v,t}}(Q, R_{L,t})\text{d}t$$

其中 T_s 是查询 Q 匿名成功的时刻。

匿名集 CS 的位置扭曲度即 CS 包含查询的扭曲度的和。由于 CS 中的用户共享匿名区域 $R_{L,t}$，则 CS 在时刻 t 的位置扭曲度为：

$$\begin{aligned}\text{Distortion}_{R_{v,t}}(\text{CS}, R_{L,t}) &= \sum_{i=1}^{|\text{CR}|}\text{Distortion}_{R_{v,t}}(Q_i, R_{L,t}) \\ &= |\text{CS}|\frac{(L_{x+,t}-L_{x-,t})+(L_{y+,t}-L_{y-,t})}{A_{\text{height}}+A_{\text{width}}}\end{aligned}$$

CS 在其有效期内总信息扭曲度为：

$$\int_{T_s}^{\max\text{T}} \text{Distortion}_{R_{v,t}}(\text{CS}, R_{L,t})\text{d}t$$

其中，T_s 是匿名集 CS 的生成时间，$\max\text{T}=\max_{Q\in\text{CS}}(Q.T_{\exp})$。

对于任意两个查询，初始状态（包括位置和速度）越相似，未来的位置也将越邻近。极端情况下，如果两个查询在同一位置上并具有相同的运动速度，则在未来共同的有效期内，二者位置也相同。这意味着如果将状态相似的查询匿名在一起，信息扭曲度则较低。基于这个观察，将信息扭曲度映射为查询间的时序相似距离。

定义 4-4 **查询集合间时序相似距离：**U_1 和 U_2 是两个不相交的查询集合（$U_1\cap U_2=\varnothing$），并且 $U=U_1\cup U_2$。$R_{L_{12},t}(R_{v_{12},t})$ 是时刻 t 覆盖这两个查询的 MBR(BVR)。U_1 与 U_2 的时序相似距离定义为：

$$\begin{aligned}\text{SimDis}(U_1, U_2) &= \int_{T_s}^{\max\text{T}} \text{Distortion}_{R_{v\_12,t}}(U_1, R_{L,t})\text{d}t \\ &+ \int_{T_s}^{\max\text{T}} \text{Distortion}_{R_{v\_12,t}}(U_2, R_{L,t})\text{d}t\end{aligned}$$

其中，$\max\text{T}=\max(Q_1.T_{\exp}, Q_2.T_{\exp})$。很明显，特殊情况下，当 $|U_1|=|U_2|=1$ 时，定义 4-4 表示两个连续查询间的时序相似距离。

2. δ_p-隐私模型和 δ_q-扭曲度模型

如前所述，保证同一匿名集中的查询在过期前一直匿名在一起，使得在保护用户隐私和 QoS 之间难以平衡。本小节介绍两个新模型——δ_p-

隐私模型和 δ_q-扭曲度模型，形式化定义用户的位置隐私和 QoS 质量需求。

将查询位置和速度分别投影到 x 轴和 y 轴上。首先讨论一维的情况：设候选匿名集包含$\{Q_1, Q_2, Q_3\}$3 个查询，如图 4-7a 所示，直线斜率表示查询在 x 轴方向上的速度。从图中可以看出，WB 首先缩小，在 t_w 时刻缩成一个点，之后再继续增加。y 轴方向上存在相同的情况。最坏情况下，匿名框从 x、y 方向上同时收缩，并缩为一点，如图 4-7b 所示，此时查询位置泄露。一维或二维空间下的位置泄露，均被认为是不允许的。很明显，如果 WB 和 HB 均没有机会缩为一个点，则位置隐私得以保护。

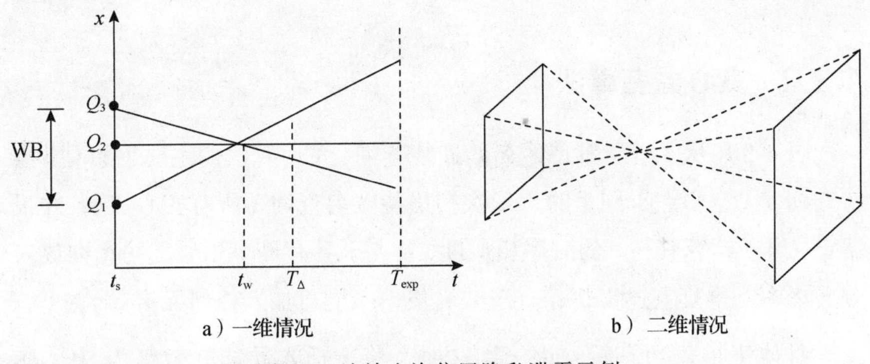

a）一维情况　　b）二维情况

图 4-7　连续查询位置隐私泄露示例

定义 4-5　**δ_p-隐私模型**：设 WB_t/HB_t 是匿名框在时刻 t 的宽/高，δ_p 是用户指定的一维情况下最高位置粒度，则

$$\forall t \in [T_s, \text{maxT}], \min(WB_t, HB_t) \geqslant \delta_p$$

称该匿名集满足 δ_p-隐私模型。

定义 4-5 保证了用户位置隐私，定义 4-6 保证服务质量。匿名集位置的信息扭曲度不能高于用户指定的最差质量 δ_q。注意匿名集 CS 在 t_i 时刻的信息丢失率不高于 δ_q 并不代表在查询有效期内一直小于 δ_q。

定义 4-6　**δ_q-扭曲度模型**：假设用户可以容忍的最差服务质量是 δ_q，匿名集 CS 的位置匿名框为 $R_{L.t}$，伴随边界速度 $R_{v.t}$，则

$$\forall\ t \in [T_s,\ \text{maxT}],\ \forall\ Q \in \text{CS},\ \text{Distortion}_{R_{V,\ t}}(Q,\ R_{L,\ t}) \leqslant \delta_q$$

称该匿名集满足 δ_q-扭曲度模型。

综上所述，连续查询匿名集需要满足以下 3 个条件：

1）$|\text{CS}| \geqslant k$，即符合位置 k-匿名模型，要求在一个匿名集中至少包含 k 个查询。

2）设 $\text{minT}=\min_{Q\in \text{CS}}(Q.T_{\exp})$，$\text{maxT}= \max_{Q\in \text{CS}}(Q.T_{\exp})$，$\text{maxT}-\text{minT}<\delta_T$。这保证了在同一个匿名集中的查询具有时效相似的特点，即查询有效期的差距不大于 δ_T。

3）匿名集 CS 在$[T_s,\ \text{maxT}]$期间满足 δ_p-隐私模型和 δ_q-扭曲度模型，即在隐私保护和服务质量上寻找平衡点。

4.2.2 贪心匿名算法

图 4-8 展示了若干等待匿名的连续查询。贪心算法的主要思想是：当新查询 r（空心点）到来时，依次扫描待匿名查询（所有实心点），并根据定义 4-4 计算其与 r 的时序相似度，将与 r 具有最小相似度的查询放入匿名集中。重复上述步骤，直至匿名集中不能再加入任何元素。

具体来讲，当有新查询 r 到达时，将 r 插入候选匿名集 U 中（初始状态 U 为空）。对于待匿名查询集合（记为 RSet）中的每一个查询 r_m，如果 $r_m.T_{\exp}$ 与 $r.T_{\exp}$ 的差别大于 δ_T（δ_T 是系统参数），则 r_m 被过滤。因为 r_m 和 r 的有效期差别过大，不能与匿名在一起。否则，检测 U 中用户是否满足 δ_q-扭曲度模型。即检查 U 中用户是否在查询有效期内会出现扭曲度大于 δ_q 的情况。若满足 δ_q-扭曲度模型，则具有最小时序相似度的查询 $r_{\min}$ 被插入 U 中。重复上述步骤，直至没有查询可以插入 U 或$|U| \geqslant k$。最后，如果候选匿名集的大小大于隐私度 k，则继续判断该候选集是否满足 δ_p-隐私模型。若满足，则将该候选匿名集作为匿名集发布；否则，将查询 r 插入到待匿名查询集合 RSet 中，等待合适匿名查询的到来。

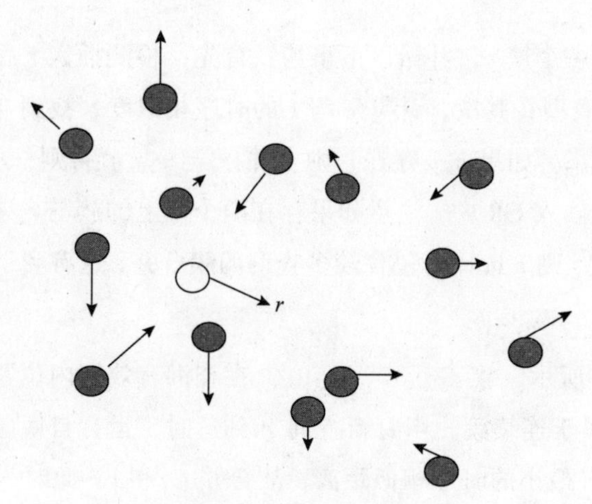

图 4-8　待匿名连续查询

4.2.3　自底向上匿名算法

贪心算法的缺点是：每当有新的查询到达时，为寻找匿名集需要重新开始计算，计算代价高。实际上，可以利用一些中间计算结果来减少计算代价。自底向上匿名算法的基本思想是在查询有效期内将扭曲度一直小于 δ_q 的查询聚类在一起形成簇并增量维护这些簇。很明显，匿名集是簇的子集。在具体说明匿名方法前，首先给出连续簇的定义。

定义 4-7　**连续簇**：对于查询集合 C，如果：

- C 满足 δ_q-扭曲度模型。
- $\mathrm{maxT_{exp}}-\mathrm{minT_{exp}} \leqslant \delta_T$，其中 $\mathrm{maxT_{exp}}=\max_{Q\in C}(Q.T_{\exp})$，$\mathrm{minT_{exp}}=\min_{Q\in C}(Q.T_{\exp})$。

则 C 是在$[t_1,\ t_2]$期间的连续簇。

基于连续簇，自底向上匿名算法的基本思想是：当有新查询 r 到达时，r 自身组成单点簇集$\{r\}$，其本身自然满足 δ_q-扭曲度模型。从已有的连续簇中，将与 r 具有最小时序扭曲度的连续簇 c_r 选择出来与 r 合并。如果$\{c_r, r\}$包含的查询数不小于 k，则验证其是否满足 δ_p-隐私需求。否则，驻留此簇在服务空间中，等待其他合适的新查询到来后合并。具体来讲，r 是新到达查询，CR 是服务空间中现存连续簇组成的集合。当 r 到达时，扫描 CR 中的每一个簇 c，并做以下事情：首先，检测插入 r 后簇 c 是否满足 δ_q-扭曲度模型；其次，计算 c 与 r 的时序相似度，找到与 r 具有最小相似度的簇 c_{min}。如果 c_{min} 存在，则合并 $\{r\}$ 与 c_{min}。否则，r 自身组成一个单点簇，并插入 CR 中。注意如果存在两个以上的簇与 r 具有相同的最小时序相似度，则 r 选择与包含较多查询的簇合并，这有利于使更多的查询匿名成功。

如图 4-9 所示，簇 C_1、C_2、C_3、C_4 在查询有效期内位置信息扭曲度均小于 δ_q，属于连续簇。当有新查询 r 到达时，运行自底向上匿名算法得 C_4 与 r 具有最小的时序相似距离，故合并 C_4 和 r。此时，C_4 包含 4 条查询。如果 $k \leqslant 4$，则继续检测 C_4 是否满足 δ_p-隐私模型。若满足，则将 C_4 中的用户组成匿名集合返回。否则，将 C_4 驻留在服务空间中等待新查询的到来。

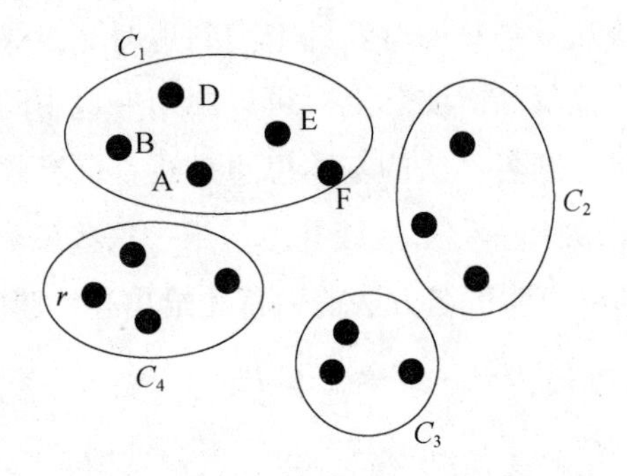

图 4-9　自底向上匿名算法图例

4.2.4　混合匿名算法

在自底向上匿名算法中忽略了很多聚类合并重组的情况，导致一些可能匿名成功的查询匿名失败。依然用图 4-9 的例子，如果 k=5，则 C_4 不能作为匿名集返回。然而，通过合并其他簇中某些查询，如 C_1，C_4 依然有机会匿名成功。实际上，$C_4 \cup \{A\}$ 满足 δ_q-扭曲度模型和 δ_p-隐私度模型，可以作为匿名集返回。然而，自底向上匿名算法忽略了这样的机会。此外，簇合并重组是一项很耗时的工作，尤其是当查询位置频繁发生更新时，以查询的粒度进行合并将导致匿名算法性能恶化。

为解决此问题，结合贪心匿名算法和自底向上匿名算法的优点，介绍一种混合匿名算法。基本思想是，对于每一个新到查询，首先利用自底向上算法为该查询寻找一个合适的簇，接下来，利用贪心匿名算法对该簇进行修正。在给出具体方法前，为方便解释，首先定义最近邻簇。

定义 4-8　**最近邻簇**：簇 C_n 是簇 C 的最近邻簇当且仅当对于任意一个簇 $C_i(C_i \neq C, i \neq n)$，周长(MBR($C_i$, C))>周长(MBR(C_n, C))。

为提高搜索效率，用 TPR-树索引所有簇，加速搜索过程。在 TPR-树的帮助下，很快找到新到查询 r 在其有效期内的最近邻簇（记为 CS_{nn}）。文献[75]中证明了如果在 CS_{nn} 中存在簇 C 与 r 的信息扭曲度违反 δ_q-扭曲度模型，则 r 与其他簇的信息扭曲度也一定违反 δ_q-扭曲度模型。所以对于一个新到查询 r，如果在其有效期内的任意一个时刻存在一个最近邻簇违犯 δ_q-扭曲度需求，则其他聚类不用再继续检查，从而可以节省计算代价。为提高查找某查询的 CS_{nn} 的效率，利用簇的质心进行近似计算，并在簇的质心上建立起 TPR-树。这样，将原来在 TPR-树上寻找临近簇的问题转化为传统移动对象上的连续最近邻查询问题，该工作已有很多的学术研究。

因此，混合算法的具体做法如下。首先，利用最小最佳优先（Best-First Traversal）原则计算查询 r 的 CS_{nn}。基于 CS_{nn}，利用自底向上匿名算法寻找具有最小时序相似距离的 $c_{\min}$。如果 $c_{\min}$ 不存在，r 自身形成一个单点簇，并将其质心存入 TPR-树中。否则，合并 $\{r\}$ 和 $c_{\min}$。最后，如果 $c_{\min}$ 中包含的查询个数不小于 k，则直接作为候选匿名集检测隐私。否则，利用贪心算法进行簇优化——对于每一个在 CS_{nn} 不在 $c_{\min}$ 中的查询 o，如果 $c_{\min} \cup \{o\}$ 满足 δ_q-扭曲度模型，则把 o 插入 $c_{\min}$，并相应地更新 $c_{\min}$ 在 TPR-树中的质心。重复这样的过程，直至 $c_{\min}$ 中包含 k 个查询。

继续图 4-9 的例子。假设当查询 r 到达时，通过访问 TPR-树，找到

r 在其有效期内的最近邻簇集（记为 CS_{nn}）即$\{C_1, C_2, C_3, C_4\}$。设 K=5，触发 BCA 后，合并$\{r\}$与 C_4。此时 C_4 中仅包含 4 个查询，所以需要进一步对簇进行优化。更具体地说，检测在$\{C_1, C_2, C_3\}$中的每一个查询 o 是否可以插入 $c_{\min}$。在此例子中，C_1 中的 A 满足条件，则把 A 从 C_1 移至 C_4。同时，更新 C_1 的质心，并把 C_4 从 TPR-树中删除。最后，$C_4 \cup \{A\}$ 作为有效匿名集返回。

4.3　基于隐秘位置推理的隐私预警机制

移动用户位置频繁更新，4.1 节与 4.2 节关注如何保护位置动态变化的用户隐私，无论用户的查询实例是否不变。本节介绍一种基于隐秘位置推理的隐私预警机制，当移动对象在未来某一时刻发出“签到”等暴露位置的请求时，给出其余时刻位置隐私泄露的概率。

本节介绍的隐私预警机制实现在移动社交网络环境的签到服务中。移动社交网络中的签到服务是指，用户使用带有定位功能的移动设备向移动社交网络服务器发送自己所处的地理位置，并选择该地理位置对应的语义位置（通常是商家）进行签到。

在移动社交网络中，至少存在以下 3 种背景知识。

（1）签到信息

签到信息包括路网信息、两个签到位置之间的距离以及两次签到的时间等。在图 4-10 中，假如两个签到时间间隔小于或等于从位置 l_i 运行至位置 l_{i+1} 的时间，那么 u_k 肯定没有访问过 l_i 和 l_{i+1} 之间的其他位置。

（2）历史信息

历史信息包括用户的历史签到信息等。如果大多数用户的历史签到序列表明，从 l_i 运行至 l_{i+1} 时会访问酒吧，那么，u_k 很可能在从 l_i 运行至

l_{i+1}的过程中访问了酒吧。

（3）社会关系信息

社会关系信息包括朋友亲密程度、用户相似度、朋友或相似用户的签到信息等。假如 u_k 的朋友 u_j 在 t_i 时刻签到了兴趣位置 l_i，在 t_{i+1} 时刻签到了位置 l_{i+1}，并且 u_j 签到了 $Path_2$ 上的酒吧。显然，u_k 和 u_j 是结伴出行的，攻击者可以推理出 u_k 访问过这个酒吧。

在移动社交场景中，轨迹重构攻击可以表述为攻击者通过背景知识（用户的签到时间、历史签到记录、社会关系信息等）推理得出用户访问过但是没有签到的位置。也就是说，如果用户没有在他认为敏感的位置签到，攻击者仍有可能推导出该用户访问此位置的概率。这使隐秘位置泄露的隐私威胁更加严重，这是由于用户不签到的位置往往是其有意不想泄露的位置。图 4-10 展示了轨迹重构攻击的例子。

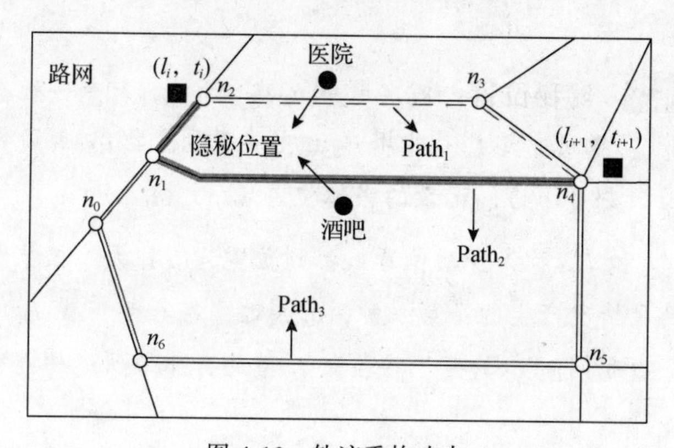

图 4-10　轨迹重构攻击

如图 4-10 所示，移动社交网络用户 u_k 在 t_i 时刻在兴趣位置 l_i 签到。该用户在时刻 t_{i+1} 运行至兴趣位置 l_{i+1}，发出签到请求。在这种情况下存在着隐私泄露的威胁：路网是公开的，攻击者知晓用户通过道路 $Path_1(n_2 \to n_3 \to n_4)$、$Path_2(n_1 \to n_4)$或者 $Path_3(n_1 \to n_0 \to n_6 \to n_5 \to n_4)$从 l_i 运行至 l_{i+1}。道路 $Path_1$ 上有一个医院，道路 $Path_2$ 上有一个酒吧，尽管 u_k 没有在这个酒吧或者医院签到，但是攻击者通过背景知识可以推导出 u_k 访问这两个位置的概率。

4.3.1 轨迹重构攻击模型

用户的签到行为构成一条签到记录，签到记录由 3 个要素组成：签到用户、兴趣位置以及签到时间。移动社交网络中的用户通常会在多个兴趣位置签到，其签到行为按时间排序就构成了用户的签到序列。

定义 4-9　签到序列 ChS：签到序列由按时间排序的用户签到位置构成，可以表示为 $\text{ChS} = \{\text{u}_k, (l_1, t_1), \cdots, (l_i, t_i), \cdots, (l_n, t_n)\}$，其中，$\text{u}_k$ 是用户的标识符，l_i 和 t_i 分别表示 u_k 签到的兴趣位置及签到时间。

在实际应用中，用户可能重复多次在某个兴趣位置签到，因此，有些兴趣位置可能以不同的签到时间多次出现在签到序列中。和签到序列相近的概念是访问序列，它是指用户访问过的兴趣位置的序列。访问序列通常是签到序列的超集，这是由于用户可能访问了若干兴趣位置却并未签到。

定义 4-10　隐秘位置：假定用户 u_k 在 t_i 和 t_{i+1} 时刻分别签到了兴趣位置 l_i 和 l_{i+1}。隐秘位置 l_m 是指用户 u_k 在从 l_i 运行至 l_{i+1} 时可能访问过，但并未在 t_m 时刻留下访问记录的兴趣位置（$t_i<t_m<t_{i+1}$）。

其中，l_i 和 l_{i+1} 称为观察位置或签到位置，l_m 称为隐秘位置。隐秘位置由以下两种情况产生的：第一种，u_k 忽略了在兴趣位置 l_m 的签到；第二种，由于隐私问题 u_k 故意不在位置 l_m 签到，本节研究的隐秘位置指第二种情况。

轨迹重构攻击（也称隐秘位置推理攻击）是指攻击者可以通过背景知识分析推导出用户最可能访问过的隐秘位置及对应的隐秘位置泄露概率。由于用户有时不能觉察到隐秘位置的泄露，隐私威胁更加严重。

以用户 u_k 为例子，假设 u_k 在时刻 t_i 在兴趣位置 l_i 签到，在时刻 t_{i+1} 在兴趣位置 l_{i+1} 签到，两个签到记录的时间间隔为 $\Delta t = t_{i+1} - t_i$，l_m 表示 l_i 和 l_{i+1} 之间的隐秘位置。本节介绍 4 种隐秘位置推理攻击模型：基准推理模型、朋友亲密程度加权推理模型、基于协同过滤的推理模型以及基于隐式马尔可夫的推理模型。

1. 基准推理模型

隐秘位置 l_m 泄露的概率可以表示为后验概率 $P(V_k^{i,\ m,\ i+1}\,|\,\Delta t)$，其中，$V_k^{i,\ m,\ i+1}$ 表示用户 u_k 的访问子序列依次包括了 l_i、l_m 和 l_{i+1}，由于 u_k 已经在兴趣位置 l_i 和 l_{i+1} 签到，所以 u_k 肯定访问过 l_i 和 l_{i+1}，因此，$P(V_k^{i,\ m,\ i+1}\,|\,\Delta t)$ 实际上表示 u_k 在访问 l_i 和 l_{i+1} 的过程中，访问隐秘位置 l_m 的概率。根据贝叶斯定理，$P(V_k^{i,\ m,\ i+1}\,|\,\Delta t)$ 可由公式（4-3）计算得出。

$$P(V_k^{i,\ m,\ i+1}\,|\,\Delta t)=\frac{P(\Delta t\,|\,V_k^{i,\ m,\ i+1})P(V_k^{i,\ m,\ i+1})}{P(\Delta t)} \tag{4-3}$$

对于用户 u_k 来说，在两个观察位置之间的签到时间间隔 Δt 是固定的，$P(\Delta t)$ 是常数。所以公式（4-3）可以简化为公式（4-4）。

$$P(V_k^{i,\ m,\ i+1}\,|\,\Delta t)\approx P(\Delta t\,|\,V_k^{i,\ m,\ i+1})P(V_k^{i,\ m,\ i+1}) \tag{4-4}$$

下面分别计算 $P(\Delta t\,|\,V_k^{i,\ m,\ i+1})$ 和 $P(V_k^{i,\ m,\ i+1})$ 的值。计算 $P(V_k^{i,\ m,\ i+1})$ 的值实际上是推理用户在两个观察位置之间的行为模式。用户 u_k 的行为模式可在一定概率下由大多数用户的历史行为模式推导出来，基准推理模型考虑所有用户的历史签到行为，可由公式（4-5）计算得出。

$$P(V_k^{i,\ m,\ i+1})=\frac{\sum_s C_s^{i,\ m,\ i+1}}{\sum_s C_s^{i,\ i+1}} \tag{4-5}$$

在公式（4-5）中，$C_s^{i,\ m,\ i+1}=1$ 表示签到子序列 s 依次包含兴趣位置 l_i、l_m 和 l_{i+1}，否则 $C_s^{i,\ m,\ i+1}=0$。$C_s^{i,\ i+1}$ 表示包含 l_i 和 l_{i+1} 的签到子序列，其间可包含多个其他签到位置，$C_s^{i,\ i+1}$ 的取值规则与 $C_s^{i,\ m,\ i+1}$ 的取值规则相同。实际上公式（4-5）表示签到了 l_i 和 l_{i+1} 的子序列中也签到了隐秘位置 l_m 的比率。

在公式（4-3）中，Δt 表示 u_k 签到位置 l_i 和 l_{i+1} 的时间间隔。同时，Δt 也包含了空间可达性的含义，如果 u_k 在 Δt 时间内无法从 l_i 运行至 l_{i+1}，$P(\Delta t\,|\,V_k^{i,\ m,\ i+1})$ 的值一定为零。值得注意的是，不同用户的签到时间间隔可能并不完全一样。将时间间隔 Δt 的上限用到 $P(\Delta t\,|\,V_k^{i,\ m,\ i+1})$ 中，即 $P(\Delta t\,|\,V_k^{i,\ m,\ i+1})\leqslant P(\Delta t_s\leqslant\Delta t\,|\,V_k^{i,\ m,\ i+1})$，该值可由公式（4-6）计算

得出。

$$P(\Delta t \mid V_k^{i,\ m,\ i+1}) \leqslant P(\Delta t_s \leqslant \Delta t \mid V_k^{i,\ m,\ i+1}) = \frac{\sum_s C_s^{i,\ m,\ i+1} P(\Delta t_s \leqslant \Delta t)}{\sum_s C_s^{i,\ m,\ i+1}} \quad (4\text{-}6)$$

Δt_s 表示用户签到两个位置 l_i 和 l_{i+1} 的时间间隔。如果在 Δt 时间间隔内没有子序列能连续访问 l_i、l_m 和 l_{i+1}，那么 u_k 肯定没有时间在 l_i 和 l_{i+1} 之间访问 l_m。

2. 朋友亲密程度加权推理模型

基准推理模型只考虑了在历史签到序列中，签到了隐秘位置 l_m 的比率。在实际应用中，朋友之间更容易有相近的兴趣爱好或者结伴出行，而且移动社交网络中的朋友关系大多数也映射在现实世界中。也就是说，移动社交网络中的“朋友”对用户行为模式的影响比“普通用户”更大。本节提出的朋友亲密程度加权推理模型是对基准推理模型的优化，它引入了“朋友亲密程度”参数。给定用户 u_j 和 u_k，u_j 和 u_k 在移动社交网络是朋友关系，则 u_k 和 u_j 之间的亲密度可由公式（4-7）计算得出。

$$\omega_{\mathrm{c}}(\mathrm{u}_k,\ \mathrm{u}_j) = \alpha \frac{|F_k \cap F_j|}{|F_k \cup F_j|} + (1-\alpha)\frac{|L_k \cap L_j|}{|L_k \cup L_j|} \quad (4\text{-}7)$$

α 是范围在[0，1]之间的调谐参数。F_k 和 F_j 分别表示用户 u_k 和 u_j 的朋友集合，L_k 和 L_j 分别表示用户 u_k 和 u_j 签到过的兴趣位置的集合。两个用户的共同朋友越多，意味着他们的社会关系越紧密；相同签到位置越多意味着用户之间的兴趣爱好越相近，而社会关系紧密且兴趣爱好相近的用户更可能结伴出行或者有相似的行为模式。在推理过程中，通过加权的方式使得越亲密的朋友对用户的行为模式影响越大。在朋友亲密程度加权推理模型中，$P(V_k^{i,\ m,\ i+1})$ 可由公式（4-8）计算得出。

$$P(V_k^{i,\ m,\ i+1}) = \frac{\sum_s (1+\omega_{\mathrm{c}}(\mathrm{u}_k,\ \mathrm{u}_j)) C_s^{i,\ m,\ i+1}}{\sum_s (1+\omega_{\mathrm{c}}(\mathrm{u}_k,\ \mathrm{u}_j)) C_s^{i,\ i+1}} \quad (4\text{-}8)$$

$C_s^{i,\ m,\ i+1}$和$C_s^{i,\ i+1}$的含义和取值与公式（4-5）相同，而$P(\Delta t\,|\,V_k^{i,\ m,\ i+1})$可按公式（4-6）计算。引入朋友亲密程度权值后，隐秘位置泄露的概率受亲密朋友的影响大于普通朋友及无朋友关系的用户。需要注意的是，基准推理模型每次只能推导出一个隐秘位置泄露的概率。如果两个观察位置之间有多个隐秘位置，则需多次执行该推理模型，分别计算每个隐秘位置的泄露概率。

3. 基于协同过滤的推理模型

在现实世界中，相似用户有类似的兴趣爱好，从而表现出相似的签到模式。从另一方面来说，攻击者可以从相似用户的签到序列中推导隐秘位置泄露的概率。本节介绍了一种基于协同过滤的推理模型。协同过滤可利用相似用户对某事物的喜好程度来预测指定用户对该事物的喜好程度。通过分析用户兴趣，在用户群中找到指定用户的相似用户，结合相似用户对某事物的评价，预测该用户对此事物的喜好程度。在移动社交网络中，同样可以采用协同过滤的方法计算指定用户隐秘位置泄露的概率。为了计算用户相似程度，提出了访问概率序列的概念，以便于衡量用户对一组POI的访问概率。

定义 4-11　**访问概率序列：**给定兴趣位置序列$s=\{l_1,\ l_2,\ \cdots,\ l_n\}$，用户$\mathrm{u}_k$对该序列的访问概率可表示为$\mathrm{PV}_{\mathrm{u}_k}=\{\mathrm{PV}_{\mathrm{u}_k}^1,\ \mathrm{PV}_{\mathrm{u}_k}^2,\ \cdots,\ \mathrm{PV}_{\mathrm{u}_k}^n\}$。其中，$\mathrm{PV}_{\mathrm{u}_k}^i\in[0,\ 1]$表示用户$\mathrm{u}_k$对兴趣位置$l_i$的访问概率。

用户u_k和u_j的相似程度可由两个用户对兴趣位置序列的访问概率计算得出：

$$\mathrm{sim}(\mathrm{u}_k,\ \mathrm{u}_j)=\frac{\sum_i \mathrm{PV}_{\mathrm{u}_k}^i\,\mathrm{PV}_{\mathrm{u}_j}^i}{\sqrt{\sum_i {\mathrm{PV}_{\mathrm{u}_k}^i}^2}\sqrt{\sum_i {\mathrm{PV}_{\mathrm{u}_j}^i}^2}} \tag{4-9}$$

u_k和u_j不一定在移动社交网络中有朋友关系。$\mathrm{PV}_{\mathrm{u}_k}^i$和$\mathrm{PV}_{\mathrm{u}_j}^i$的取值在[0，1]范围内，分别表示$\mathrm{u}_k$和$\mathrm{u}_j$访问兴趣位置$l_i$的概率。签到序列是访问概率序列的特殊情况，假如$\mathrm{u}_k$签到了位置$l_i$，则$\mathrm{PV}_{\mathrm{u}_k}^i=1$。基于协同过滤的推理模型采用两个矩阵计算$\mathrm{u}_k$对隐秘位置的访问概率，如图4-11所示。

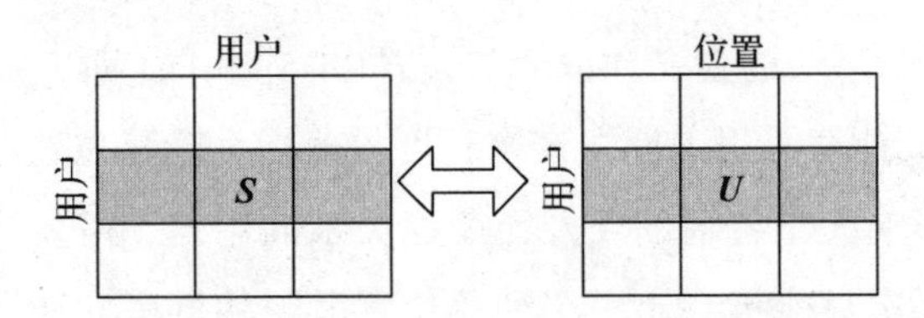

图 4-11　基于协同过滤的推理模型

矩阵 $\boldsymbol{S}$ 是用户-用户矩阵，矩阵中的值 s_{kj} 表示用户 u_k 和 u_j 的相似度，矩阵 $\boldsymbol{U}$ 是位置-用户矩阵，矩阵中的值 u_{kn} 表示用户 u_k 对位置 l_n 的访问概率。矩阵 $\boldsymbol{U}$ 中的用户是 u_k 的前 n 个相似用户，位置是 u_k 在两个观察位置之间的隐秘位置。使用矩阵中包含用户的签到序列对 $\boldsymbol{U}$ 进行初始化，然后，利用签到序列计算用户相似度，并将计算结果放入矩阵 $\boldsymbol{S}$ 中作为初始值。u_k 对隐秘位置的访问概率是矩阵 $\boldsymbol{U}$ 中的缺失值。公式（4-10）和（4-11）显示了如何利用协同过滤方法推导缺失值。

$$r_{\mathrm{u}_k,\ l_n} = k\sum_{\mathrm{u}_j \in S_k} \mathrm{sim}(\mathrm{u}_k,\ \mathrm{u}_j)\, r_{\mathrm{u}_j,\ l_n} \tag{4-10}$$

$$k = \frac{1}{\sum_{\mathrm{u}_j \in S_k} |\mathrm{sim}(\mathrm{u}_k,\ \mathrm{u}_j)|} \tag{4-11}$$

r_{u_k,l_n} 表示用户 u_k 对隐秘位置 l_n 的访问概率，r_{u_k,l_n} 的值越大，u_k 访问 l_n 的概率越高。S_k 代表 u_k 的相似用户集合，r_{u_j,l_n} 表示用户 u_j 对隐秘位置 l_n 的访问概率，$\mathrm{u}_j \in S_k$ 是 u_k 的相似用户，即 $\mathrm{sim}(\mathrm{u}_k, \mathrm{u}_j) > 0$。在公式（4-10）中，$\mathrm{u}_k$ 和 u_j 的相似度 $\mathrm{sim}(\mathrm{u}_k, \mathrm{u}_j)$是一个权值。$\mathrm{u}_k$ 和 u_j 越相似，在预测 r_{u_k,l_n} 时，r_{u_j,l_n} 的作用越大。对矩阵 $\boldsymbol{S}$ 和 $\boldsymbol{U}$ 完成初始化后，可以计算矩阵 $\boldsymbol{U}$ 中用户 u_k 对隐秘位置的访问概率。具体来说，可通过以下步骤得出用户 u_k 对隐秘位置 l_m 的访问概率：

- 采用公式（4-10）和（4-11）计算得出用户对隐秘位置的访问概率，更新矩阵 $\boldsymbol{U}$。
- 采用公式（4-9）算出用户相似度，更新矩阵 $\boldsymbol{S}$。

重复执行上述两个步骤，直至两个矩阵收敛为止。

利用公式（4-3）计算出最终的隐秘位置泄露概率。给定时间间隔 Δt，

概率 $P(V_k^{i,\ m,\ i+1} \mid \Delta t)$ 可由公式（4-12）计算得出。

$$P(V_k^{i,\ m,\ i+1} \mid \Delta t) = r_{\mathrm{u}_j \in l_m} \frac{\sum_{\mathrm{u}_j \in S_k} C_{\mathrm{u}_j}^{i,\ m,\ i+1} P(\Delta t_{\mathrm{u}_j} \leqslant \Delta t}{\sum_{\mathrm{u}_j \in S_k} C_{\mathrm{u}_j}^{i,\ i+1}} \tag{4-12}$$

S_k 表示 u_k 的相似用户集合，$\mathrm{u}_j \in S_k$ 是用户 u_k 的相似用户。Δt_{u_j} 表示用户 u_j 签到兴趣位置 l_i 和 l_{i+1} 的时间间隔。基于协同过滤的推理模型可以计算矩阵 $\boldsymbol{U}$ 中所有的缺失值，也就是说，如果两个签到位置之间有多个隐秘位置，每个隐秘位置的泄露概率都可以计算得出。

4. 基于隐式马尔可夫的推理模型

隐式马尔可夫模型是马尔可夫过程的一种，被建模的系统中有若干状态不能直接观察到，但可以通过观测向量序列计算得出。如果系统的后续状态完全由当前状态决定，则是一个马尔可夫过程。在前面几节中，我们认为用户对兴趣位置的访问概率可由用户的历史访问序列推导出来，但这并不意味着用户的当前位置取决于所有的历史签到序列。实际上，给定移动对象的运行速度以及路网状态，u_k 的当前位置可单独由前一个状态推导出来。所谓“状态”是指 u_k 的签到位置、其朋友的签到位置以及相似用户的签到位置。因此，采用马尔可夫模型表示用户在隐秘位置之间的访问概率。给定用户 u_k 及其签到过的两个兴趣位置 l_i 和 l_{i+1}，可为用户 u_k 构建基于隐式马尔可夫的推理模型，如图 4-12 所示。

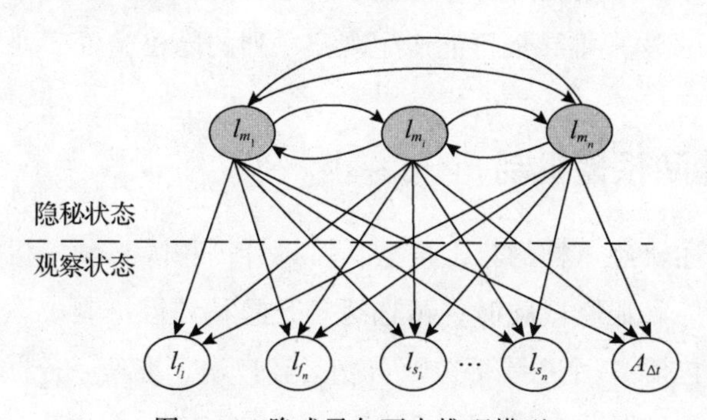

图 4-12　隐式马尔可夫推理模型

在图 4-12 中，白色节点表示观察状态，对应移动社交网络中的签到位置；灰色节点表示隐秘状态，对应移动社交网络中的隐秘位置。图中仅列出 3 个隐秘位置作为例子。观察状态 l_{f_1} 至 l_{f_n} 是用户 u_k 的前 n 个亲密朋友在时间间隔 Δt 内的签到位置。观察状态 l_{s_1} 至 l_{s_n} 表示用户 u_k 的前 n 个相似用户（排除在前 n 个亲密朋友中的相似用户）在时间间隔 Δt 内的签到位置。节点 $A_{\Delta t}$ 表示时间间隔 Δt 的属性，例如，该时段是周末还是工作日，是早上还是下午等。所有的观察位置和隐秘位置都是离散的。

采用 EM 算法（Expectation-Maximization Algorithm）用真实数据训练隐式马尔可夫模型。在 Expectation 步骤中，用当前参数 $\theta^{(t)}$ 补全数据集，计算对数概率函数（Log Likelihood Function），如公式（4-13）所示。$\theta^{(t)}$ 的初始值一般采用随机值。

$$Q(\theta \mid \theta^{(t)}) = E_{H|O,\theta^{(t)}}[\log P(O, H \mid \theta)] \quad (4\text{-}13)$$

O 是一系列观察状态，H 表示隐秘位置。在 Maxmization 步骤中，用补全的数据集找到一系列未知参数 θ 的极大似然估计，目标函数可由公式（4-14）表示。

$$\theta^{(t+1)} = \arg_{\theta} \max \log(Q(\theta \mid \theta^{(t)})) \quad (4\text{-}14)$$

$\theta^{(t+1)}$ 表示隐式马尔可夫模型的最终参数。算法重复上述的 Expectation 步骤和 Maximization 步骤，直至值收敛为止。隐式马尔可夫模型中的参数也就是用户在各个隐秘位置之间的访问概率。此外，该模型还可以推导出哪条访问隐秘位置序列最可能产生观察位置序列。可以使用 Viterbi 算法来推导最可能产生观察序列的隐秘位置序列。

4.3.2 隐私预警机制

针对上述轨迹重构的攻击模型，可设计一种隐私预警机制，当社交网络用户有隐私泄露威胁时，可选择打开隐私预警机制。隐私预警机制的系统结构包括 3 个主要部分，分别是客户端、推理服务器和移动社交网络服务器，如图 4-13 所示，采用该系统结构有如下优势：首先，用户仅需信任推理服务器，所有操作以及复杂的推理逻辑都是用户不可见的；其次，用户仅需与推理服务器交互，用户的签到请求可以缓存在预签到模块中，当有隐私威胁时可以不进行真实签到，起到隐私保护的作用。

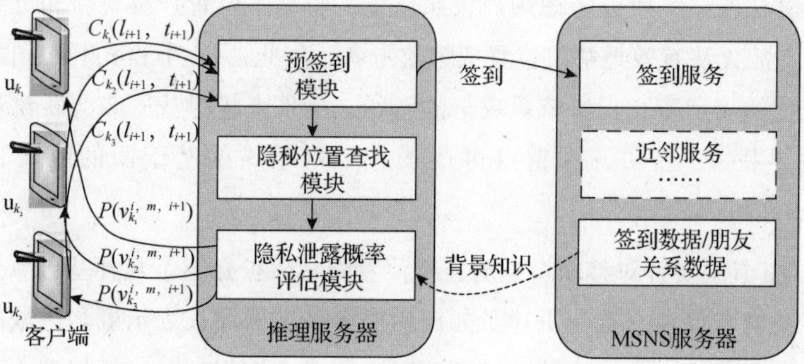

图 4-13　系统结构

在图 4-13 的推理服务器中，有两个重要的组成部分：隐秘位置查找模块和隐私泄露概率评估模块。隐秘位置查找模块负责找到两个签到位置 l_i 和 l_{i+1} 之间的隐秘位置，计算 l_i 和 l_{i+1} 之间的路网距离。隐私泄露概率评估模块负责评估用户的隐秘位置泄露的概率，并根据泄露概率对隐秘位置进行排序。

任意用户 u_{k_i} 可以在兴趣位置 l_{i+1} 向推理服务器发送签到请求 $C_{k_i}(l_{i+1}, t_{i+1})$，其中 t_{i+1} 是签到时间。预签到模块将收到的签到请求发送到隐秘位置查找模块，该模块首先找到 u_{k_i} 上一个签到位置 l_i 和签到时间 t_i。然后，找出在两个签到位置 l_i 和 l_{i+1} 之间的隐秘位置，存入集合 L_m 中。隐私泄露概率评估模块包含上述 3 种隐私推理攻击模型。推理攻击采用的背景知识是移动社交网络服务器上的签到数据以及朋友关系数据等。最后，系统将最可能泄露的隐秘位置及泄露概率推送给用户作为隐私预警，用户可以根据自己的隐私需求选择是否在该位置签到。

4.4　小结

本章介绍了 3 种针对动态位置的隐私保护技术。4.1 节主要介绍了当移动用户的位置发生连续更新时如何保护用户的位置隐私的问题。因为很多算法在匿名时仅考虑用户快照位置，忽略了位置连续更新和位置依赖性，故无法有效地解决位置依赖攻击者。为此，4.1 节首先利用图模型形式化的表示防止位置依赖攻击的问题，接下来将寻找匿名集转化为在图中寻找 K-点团，并重点讲述了一个增量式的基于团的匿名算法 ICliqueCloak。

4.2 节主要针对移动对象的连续位置隐私保护介绍了几种基于数据可用性的匿名算法。首先讲述了如何用匿名区域的周长表示匿名区域的位置信息扭曲度，并将这种扭曲度映射为两个查询间的时序相似性。基于此相似性分别介绍了一种贪心算法（GCA）和两种增量式的基于可用性的匿名算法：自底向上匿名（BCA）和混合匿名（HCA）。文献[75]中验证了从整体性能上来讲 HCA 最优。

4.3 节主要针对移动对象即将签到位置的泄露介绍了一种隐私预警机制。该预警机制以推理隐秘位置攻击为基础，依据移动社交网络中的背景知识（签到信息、历史信息、社会关系），推算出某一隐秘位置泄露的概率。

‖第 5 章

连续轨迹数据隐私保护

第 3 章和第 4 章中的隐私保护技术关注了移动用户的当前和未来位置信息。而用户的历史位置数据按采样时间排序构成的序列就是用户的运行轨迹。轨迹数据本身蕴含了丰富的时空信息，对轨迹数据的分析和挖掘可以支持多种移动应用。政府部门及科研机构为此都加大了对轨迹数据的研究力度。然而，假如恶意攻击者在未经授权的情况下，计算推理与轨迹相关的个人信息，用户的个人隐私将通过其轨迹完全暴露。**轨迹隐私**是指个人运行轨迹本身含有的敏感信息（如访问过的敏感位置），或者由运行轨迹推导出的个人其他信息（如家庭住址、工作地点、生活习惯、健康状况等）。

5.1 轨迹数据隐私

离线数据发布中的轨迹隐私泄露情况大致可分为两类。

第一类，由于轨迹上敏感位置或频繁访问位置的泄露导致个人隐私泄露。例如，某人近期频繁访问针对某种疾病的医院或诊所，攻击者可以推断出其在近期患上了某种疾病。

第二类，由于移动对象的轨迹与外部知识的关联导致的隐私泄露。例如，某人每天早上固定的时间从地点 A 出发到地点 B，每天下午固定的时间段从地点 B 到地点 A，通过挖掘分析，攻击者很容易作出判断：A 是某人的家庭住址，B 是其工作单位。通过查找 A 所在区域和 B 所在区域的邮编、电话簿等公开内容，很容易确定某人的身份、姓名、工作地点、家庭住址等信息。

因此，轨迹隐私保护的目的在于：

- 保证整条轨迹不被攻击者识别，即避免使某条轨迹与现实中的个体关联起来。
- 保证轨迹上的敏感位置信息不泄露。

在轨迹数据发布中，最简单的隐私保护方法是删除每条轨迹的 QI 属性，这是一种初步的匿名。然而，单纯地将 QI 属性移除并不能保护移动对象的轨迹隐私——攻击者通过背景知识（如受攻击者的博客、移动社交网络中的签到信息、超市的购物记录、医院的就诊记录或其他外部信息）或观察与特定用户相匹配，推导出个体的隐私信息。

（1）背景知识攻击

移动对象可能通过背景知识暴露其所处的位置。例如，两个移动用户关于工作地点的谈话可能会暴露其中一个用户日常轨迹的终点或起点。假定攻击者通过背景知识知晓用户 O_p 可能会在时刻 t_i 出现在位置 L_i，恰好 t_i 是发布的轨迹数据库 D^*中用户 O_p 的轨迹上的某个采样位置，这时攻击者就可以根据这个信息从 D^*中识别出 O_p 的整条轨迹。这种攻击模式称为背景知识攻击。在这个场景中，假定所有的背景知识都是可信的。

（2）观察攻击

假定攻击者静止或者按预定策略进行观察攻击，且观察过程中没有噪声数据。当攻击者发现 O_p 出现后，他会观察 O_p 至少一个采样周期，以获得 O_p 在采样时间的确切位置。在最坏的情况下，如果 O_p 是该时段内唯一出现的移动对象，攻击者可以识别出 O_p 的整条轨迹的概率为100%。如果在那个时间段有 N 个移动对象出现，且攻击者没有其他背景知识，识别出 O_p 轨迹的概率下降为 $1/N$。这种轨迹模式称为观察攻击。当然，观察攻击者不仅仅指个人，还可能是各种各样的数据采集器，如商场中的摄像头、道路上的监控设备等。

5.2　基于图划分的轨迹隐私保护技术

为了抵御 5.1 节中的背景知识攻击和观察攻击，必须采用一种比移除 QI 属性更有效的隐私保护方法。轨迹 k-匿名可以抵御上述两种攻击类型，轨迹 k-匿名是指将 k 条轨迹匿名在同一个匿名集中，最终发布的匿名集是各个采样时刻的由 k 个用户共享的匿名区域。对于背景知识攻击来说，由于轨迹 k-匿名将各个时刻的采样位置匿名为包含 k 个用户位置的匿名区域，攻击者没有办法将背景知识和一个区域中的多个位置联系起来。轨迹 k-匿名对观察攻击同样有效：假定攻击者观察到 O_p 在某时刻出现在某个位置，攻击者还是无法从发布的 k 个用户的匿名轨迹中直接识别出 O_p。然而，把 k 条轨迹匿名在一起会造成严重的信息丢失。因此，满足轨迹 k-匿名的隐私保护技术的关键问题是：如何在保护轨迹隐私的前提下将信息丢失降到最低。本节介绍一种方法，将轨迹隐私保护问题归结到一个图划分问题，利用一种贪心算法构造轨迹 k-匿名集。5.2.1 节将给出相关定义，5.2.2 节将对具体的保护方法进行介绍。

5.2.1　预备知识

下面对轨迹等概念进行形式化定义。

定义 5-1 **轨迹**：移动对象 O_p 的轨迹是采样位置按照采样时间排序的序列，即 $T=\{(x_1,y_1,t_1),(x_2,y_2,t_2),\cdots,(x_n,y_n,t_n)\}$，其中，$(x_i,y_i)$表示移动对象 O_p 在 t_i 时刻所处的位置坐标。

定义 5-2 **同步轨迹**：如果两条轨迹 T_p 和 T_q 是同步轨迹，当且仅当这两条轨迹在同一个采样时间有采样位置。如果一组轨迹是同步的，则这组轨迹中的每两条轨迹都是同步的。如果两条轨迹是同步轨迹，相同采样时间的采样位置称为“对应位置”。

然而，在现实世界中不可能存在那么多同步轨迹，后面将利用算法将轨迹同步化。对于同步轨迹，采用欧几里得距离来衡量轨迹之间的距离，其定义如下所示。

定义 5-3 **轨迹距离**：给定两条同步轨迹 T_p 和 T_q，它们的轨迹距离是其对应位置的欧几里得距离的平均值，计算如下：

$$\text{dist}(T_p,T_q)=\frac{\sum_{i=1}^{n}\sqrt{(x_{p_i}-x_{q_i})^2+(y_{p_i}-y_{q_i})^2}}{t_n-t_1}$$

用(x_s, y_s, t_s)和(x_e, y_e, t_e)分别表示一条轨迹的起始采样位置和终止采样位置。同理，一条轨迹的起始位置和终止位置在 x 坐标方向和 y 坐标方向上，可分别表示为两个空间数据对(x_s, x_e)和(y_s, y_e)。我们认为如果两条轨迹在“时空上没有任何重叠”，那么没有必要计算这两条轨迹之间的距离，因为这样的两条轨迹几乎不可能在同一个匿名集中。所谓“时间重叠”是指这两条轨迹所跨越的时间有交叠，即轨迹 T_1 的结束时间 t_{1e} 晚于轨迹 T_2 的开始时间 t_{2s}。而空间上的重叠用定义 5-4 来描述。

定义 5-4 ***s*-空间重叠**：给定两条同步轨迹 $T_p=\{(x_{p_1},y_{p_1},t_1),(x_{p_2},y_{p_2},t_{p_2}),\cdots,(x_{p_n},y_{p_n},t_n)\}$和$T_q=\{(x_{q_1},y_{q_1},t_1),(x_{q_2},y_{q_2},t_2),\cdots,(x_{q_n},y_{q_n},t_n)\}$，如果 $\exists(x_i,y_i)\in T_p\,(i=1,2,\cdots,n)$，且 $x_i\in[x_{q_s},x_{q_e}]$或 $y_i\in[y_{q_s},y_{q_e}]$，则称 T_p 和 T_q 是 s-空间重叠的，其中，$s(s>0)$是 T_p 和 T_q 的重叠比例。

定义 5-5 **轨迹 *k*-匿名**：给定移动对象数据库 D，发布的轨迹数据

库 D^*是 D 的 k-匿名版本，则 D^*需满足以下两个条件：

- D^*中每条轨迹的采样位置都至少和其他 k-1 条轨迹匿名在同一个匿名集中。
- D^*相对于原始数据库 D 的信息丢失最小。

轨迹 k-匿名可以抵御上述两种攻击模式：对于 D^*来说，即使攻击者知晓多少条轨迹匿名在同一个匿名集中，其识别一条轨迹的概率仍小于 $1/k$。

本节介绍一种基于图划分的轨迹 k-匿名算法。该算法分为 3 个步骤：第一步，轨迹数据预处理，将原始轨迹数据划分为轨迹跨域时间段相同的等价类；第二步，轨迹图构建，根据 s-空间重叠的概念将轨迹构建为轨迹图；第三步，轨迹图划分，使用贪心算法对轨迹图进行划分，每个子图包含至少 k 个轨迹图的顶点，恰好构成一个轨迹 k-匿名集。

5.2.2 数据预处理与轨迹图构建

1. 数据预处理

数据预处理阶段需要完成下述 3 个任务：轨迹起始点及终止点识别、轨迹等价类构建、轨迹数据同步。经过上述 3 个任务，得到了起止时间相近的同步轨迹数据集。

（1）轨迹起始点及终止点识别

移动对象一条完整的轨迹中可能包含多个长时间的停留。例如，一个人在某天下午回到家中，第二天早上出发去另外一个地方。第一天下午的采样位置和第二天早上的采样位置之间构成了一个长时间的停留，把这条轨迹分成了两个部分。轨迹起始及终止点识别就是要识别哪些采样位置属于长时间停留，哪些采样位置是轨迹的终止位置。对于给定移动对象 O_p，如果其在某个采样位置的停留时间超过事先设定的阈值 th_t，就认为 O_p 的轨迹在这个停留位置终止了，下一个采样位置成为 O_p 的新轨迹的起始位置。

（2）构建轨迹等价类

在轨迹数据预处理中，还需要构建轨迹等价类。这是由于轨迹 k-匿名仅仅能够将出现在相同时间段的轨迹匿名在同一个匿名集中。为了扩大同一个时间段内轨迹等价类中所含轨迹的数量，需要把起始时间在$[\mathrm{td}_{s1}, \mathrm{td}_{s2}]$范围内，及终止时间在$[\mathrm{td}_{e1}, \mathrm{td}_{e2}]$范围内的轨迹放入同一个等价类中。轨迹等价类的定义如下所示。

定义 5-6 **轨迹等价类**：轨迹等价类由起始及终止时间在相近时间段的轨迹构成。若两条轨迹 T_p 和 T_q 在同一个等价类中，当且仅当 $\mathrm{T}_p.ts$, $\mathrm{T}_q.t_s \in [\mathrm{td}_{s1}, \mathrm{td}_{s2}]$ 且 $\mathrm{T}_p.t_e, \mathrm{T}_q.t_e \in [\mathrm{td}_{e1}, \mathrm{td}_{e2}]$。

例如，$[\mathrm{td}_{s1}, \mathrm{td}_{s2}]$可以设置为[08:00:00, 08:10:00]，$[\mathrm{td}_{e1}, \mathrm{td}_{e2}]$可以设置为[09:00:00, 09:10:00]，也就是说，起始时间在区间[08:00:00, 08:10:00]中，终止时间在区间[09:00:00, 09:10:00]中的轨迹在同一个轨迹等价类中。$[\mathrm{td}_{s1}, \mathrm{td}_{s2}]$ 及$[\mathrm{td}_{e1}, \mathrm{td}_{e2}]$需根据数据集的特性来设置，如果数据集较为稀疏，时间区间就需设置得偏大些，否则，需设置得偏小些。

（3）轨迹数据同步

在轨迹数据中插入新的采样点来构建同步轨迹。假设移动对象在两个采样位置之间匀速行进。给定两条轨迹 T_p 和 T_q，如果 T_p 在时间点 t_s 有一个采样位置，而轨迹 T_q 在该时间点没有采样位置，那么就在轨迹 T_q 中插入采样位置$[x_s, y_s, t_s]$。

2. 轨迹图构建

本节首先介绍轨迹图的定义，然后介绍轨迹图的构建过程。

定义 5-7 **轨迹图**：轨迹图 TG = (V, E)是一个带权无向图，其中顶点集 V 表示轨迹集，两个顶点 V_p 和 V_q 之间有边，当且仅当其代表的轨迹 T_p 和 T_q 之间有 s-重叠。边（V_p, V_q）的权值是轨迹 T_p 和 T_q 之间的距离。

轨迹图构建的基本过程如下：已知轨迹等价类EC。初始时轨迹图的边集为空，顶点集为轨迹等价类中任意一条轨迹 T_1，未被加入到轨迹图中的轨迹放入集合 V_{left} 中。然后检查 V_{left} 中的每条轨迹是否和 V 中的轨迹有 s-重叠。如果两条轨迹 T_{i} 和 T_{j} 之间有 s-重叠，则计算两条轨迹之间的距离作为这两条轨迹之间边的权值，将这条轨迹从 V_{left} 移动到 V 中。如果没有 s-重叠，仅把这条轨迹移动到 V 中，也不需要计算轨迹距离。由于多数轨迹之间并不存在 s-重叠关系，因此，轨迹图极可能是由多个连通分量构成的非连通图。如果两条轨迹之间没有 s-重叠，就不需要计算它们之间的距离，从而节省了计算资源。

5.2.3 基于图划分的轨迹 *k*-匿名

本节把轨迹 k-匿名问题归结到图划分问题上。通过对图中顶点的划分来构建轨迹匿名集。最理想的情况是：划分好的每个子图是一个包含 k 个顶点的连通图，并且耗费最少。本节首先通过实例介绍如何通过图划分的方法获得轨迹 k-匿名集。然后，形式化地定义轨迹图划分问题。最后，通过贪心算法获得轨迹 k-匿名集。

1. 实例

图 5-1 展示了轨迹图构建与划分的过程。图 5-1a 展示了轨迹等价类中 10 条轨迹的分布。其中，$T_1 \cdot x_{1i}$ 表示轨迹 T_1 在 x 轴方向的起始坐标，$T_1 \cdot x_{1a}$ 表示轨迹 T_1 在 x 轴方向终止位置的坐标，y 轴方向的表示也相同，用同样的方式表示了 $T_1 \sim T_{10}$ 十条轨迹。一条轨迹可能在 x 轴方向和 y 轴方向都有投影，为了简单起见，实例中仅展示了轨迹在 x 轴方向的投影。图 5-1b 中的图是根据图 5-1a 中的轨迹构建的，其中，顶点表示轨迹，两个顶点之间有边，当且仅当这两条轨迹之间有 s-重叠，权值表示有 s-重叠的两条轨迹之间的距离。在图 5-1b 中，T_{10} 和轨迹 $T_1 \sim T_9$ 构成的连通分量并不连通，这是因为 T_{10} 和 $T_1 \sim T_9$ 这 9 条轨迹都没有 s-重叠。图 5-1c 是根据 k=3 构建的轨迹图划分，包含 4 个子图 V_1、V_2、V_3 和 D_1，其中，子图 V_1、V_2 和 V_3 分别包含 3 个顶点，并且权值之和最小。由于 D_1 中只

包含 1 个顶点，无法构成轨迹 3-匿名集，因此，D_1 需要被删掉。V_1、V_2、V_3 则构成了 3 个轨迹 3-匿名集。

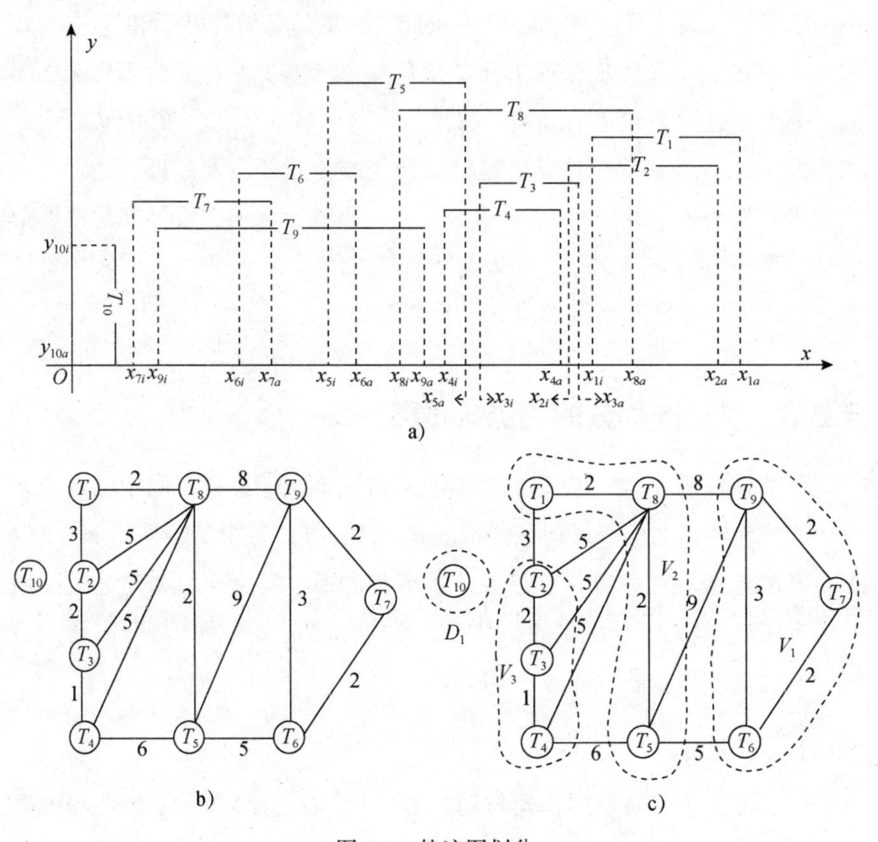

图 5-1 轨迹图划分

2. *k*-node 划分

首先给出本节用到的 *k*-node 划分的形式化定义。

定义 5-8 ***k*-node 划分**：给定轨迹图 TG，关于轨迹图 TG 的一个 *k*-node 划分是将图 TG 划分为若干个连通分量 $V_1, V_2, \cdots, V_l$ 及 $D_1, D_2, \cdots, D_h$，其中：

- $V_1 \cup V_2 \cup \cdots \cup V_l \cup D_1 \cup D_2 \cup \cdots \cup D_h$=TG。
- 对任意 i，$k \leqslant |Vi| \leqslant 2k-1$ 且$|Di| < k$。
- $V_i \cap V_j = \varnothing$；$D_i \cap D_j = \varnothing$ 且 $Di \cap Vj = \varnothing$。

- W_i 表示子图 T_i 的权值之和，且 W_i 的值最小，h 尽可能小。

在 k-node 划分中，V_1, V_2,…, V_l 构成了轨迹 k-匿名集，每个轨迹 k-匿名集中包含至少 k 个顶点，D_1, D_2, …, D_h 表示将被删除的子图，因为每个子图中包含的顶点数都不足 k，达不到隐私保护的需求。第 4 个条件表示匿名集中的权值之和应尽可能小，且被删除的子图数量应尽可能小。被删除子图可能是由下述 3 个原因产生的。

第一种情况：TG 是一个由几个连通分量构成的非连通图，如果某个连通分量的顶点数小于 k，它就无法被划分到其他子图中，因此被删除。

第二种情况：TG 中的连通分量包含的顶点数大于 k，但是由于构成一个 k-匿名集后会删除一些顶点，连通分量中剩余的顶点数不足 k。

第三种情况：整个轨迹图 TG 是一个连通分量，若其顶点数 n 满足 $n \bmod k \neq 0$，则构成几个轨迹 k-匿名集后，剩下的轨迹就是多余的。

为了达到降低信息丢失的目的，需要对 k-node 划分做出如下两个限制：第一，对于每个划分好的子图，其权值之和 ICost 最小，我们称子图的权值之和为“内部信息丢失”；第二，删除的子图越少越好。

下面证明这个 k-node 划分是一个 NP-完全问题。

定理 5-1　k-node 划分问题是一个 NP-完全问题。

证明：将 k-node 划分问题归结到一个著名的 NP-完全问题：k-way 划分问题。先给出 k-way 划分的一个实例：图 $G = (V,E)$，其中$|V|=n$，关于 G 的一个 k-way 划分是指将图 G 划分为若干个不重叠的非空子图 V_1, V_2, …, V_k，使得 $V_1 \cup V_2 \cup \cdots \cup V_k=G$ 并且外部信息丢失 $\text{ECost}=\sum_{i=1}^{n}\omega_i$ 最小。其中，ω_i 是连接两个划分到不同子图中的边的权值。

下面将 k-node 划分归结为 k-way 问题，给定轨迹图 $G=(V, E)$，图中所有边的权值之和是固定的，那么外部信息丢失的最小化意味着内部信息丢失的最大化。显然，可以找到常数 N 和一组数字 μ_i，其中，每条边的边权 $\omega_i=N-\mu_i$，将外部信息丢失 $\text{ECost}=\sum_{i=1}^{n}(N-\mu_i)$ 最大化，也就是将 $\sum_{i=1}^{n}\mu_i$ 最小化。如果将 μ_i 看作图的边权的话，则恰好是 k-node 划分问题，即划分之后的子图内部信息丢失最小。

3. 贪心算法

已经证明了 k-node 划分是 NP–完全问题，本节介绍一种贪心方法找到轨迹图的一个 k-node 划分。针对每个连通分量，贪心划分的基本思想是：重复找到权值最小的边，将它作为一个子图的边，除非删除这条边会造成新的顶点数小于 k 的连通分量。具体来讲，算法从图中权值最小的边出发，这条边关联的两个顶点构成连通分量 C；顶点入栈 SC；和连通分量 C 相邻接的所有顶点放入集合 X 中。当连通分量 C 中的顶点数小于 k 时，每次找到和 C 相关联的且将边权最小的边加入新的连通分量，顶点放入 C。当连通分量 C 中的顶点数达到 k 时，试着将 C 从连通分量 G_i 中删除。在删除之前，首先检查删除 C 之后是不是会构成新的顶点数小于 k 的连通分量。如果造成新的顶点数小于 k 的连通分量，就尝试换一条边加入连通分量 C，再次检查。检查完毕之后发现无论怎样都会产生新的顶点数小于 k 的连通分量，则使用最初那条边，然后从 G_i 中将 C 删除。

使用贪心算法对图进行 k-node 划分，然后发布轨迹 k–匿名集。即使攻击者知道 k 的数值，每条轨迹被识别的概率也小于 $1/k$。如果攻击者没有任何背景知识，轨迹被识别的概率为 1/area，其中 area 是轨迹匿名集中每个采样位置的匿名区域大小。

5.3 区分位置敏感度的轨迹隐私保护技术

轨迹上的采样位置语义各不相同，有的是移动对象访问过的位置，如某个移动对象去咖啡馆喝咖啡、去药店买药等；有的采样位置仅仅是移动对象“经过”的位置，如下班路上经过某个超市等。从隐私保护的角度来看，“停留”位置和“经过”位置的敏感度是不同的，“停留”位置更加敏感，更能泄露用户的个人隐私，而“经过”位置的敏感性较低。

针对上述问题，本节介绍一种区分位置敏感度的轨迹隐私保护技术。

5.3.1　轨迹 *k*-匿名及存在的问题

轨迹隐私保护的目的在于：保证整条轨迹不被攻击者识别和保证轨迹上的敏感位置信息不泄露。为了解决轨迹隐私保护的问题，研究者们提出了轨迹 k-匿名模型[69][74][76]，旨在将 k 条轨迹对应的采样点泛化为同一个匿名区域，防止攻击者识别其中一条轨迹或轨迹上的敏感位置。

对任意一条轨迹 T_i，当且仅当在任意采样时刻 t_i，至少有 k-1 条轨迹在相应的采样位置与 T_i 泛化为同一区域时，这些轨迹满足轨迹 k-匿名。满足轨迹 k-匿名的轨迹被称为在同一个 k-匿名集中。采样位置的泛化区域（又称匿名区域）可以是最小边界矩形，也可以是最小边界圆形。表5-1 和表 5-2 展示了轨迹 k-匿名的概念。表 5-1 是 3 个移动对象的原始轨迹，表 5-2 是对表 5-1 中的数据进行轨迹 3-匿名后的结果。表 5-2 中的 I_1、I_2 和 I_3 分别是移动对象 O_1、O_2、O_3 的假名。3 个时刻的位置也泛化为 3 个移动对象的最小边界矩形，匿名区域采用左下坐标和右上坐标来表示。

表5-1　原始轨迹数据

时刻 移动对象	t_1	t_2	t_3
O_1	(1, 2)	(3, 3)	(5, 3)
O_2	(2, 3)	(2, 7)	(3, 8)
O_3	(1, 4)	(3, 6)	(5, 8)

表5-2　轨迹3-匿名示例

时刻 移动对象	t_1	t_2	t_3
I_1	[(1,2), (2,4)]	[(2,3), (3,7)]	[(3,3), (5,8)]
I_2	[(1,2), (2,4)]	[(2,3), (3,7)]	[(3,3), (5,8)]
I_3	[(1,2), (2,4)]	[(2,3), (3,7)]	[(3,3), (5,8)]

简单地将“整条”轨迹匿名会造成数据可用性的严重下降。图 5-2 展示了轨迹 k-匿名造成数据可用性严重下降的例子。图 5-2 以文献[69]为例展示了轨迹 k-匿名过程，其中，k=3。为不失一般性，图 5-2a、b、c

中的轨迹数目分别设置为 2（轨迹数目小于隐私需求 k）、3（轨迹数目等于隐私需求 k）和 4（轨迹数目大于隐私需求 k）。

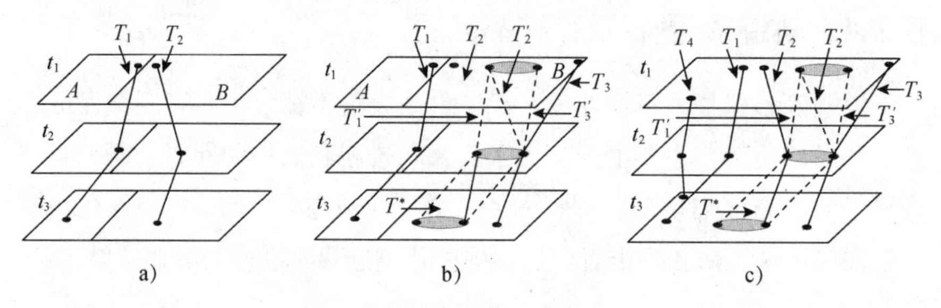

图 5-2　数据可用性下降示例

在图 5-2a 中，轨迹数目为 2，此时无法达到轨迹 3-匿名，两条轨迹 T_1 和 T_2 被删除。文献[69]中认为只要轨迹数目小于隐私度需求，所有未构成匿名集的轨迹都将被删除。在图 5-2b 中，轨迹数目为 3。对于给定的聚类半径 δ，通过轨迹聚类和空间变换可以达到轨迹 3-匿名，即原始轨迹 T_1、T_2 和 T_3（图中以黑色实线表示）通过空间转换为 T_1'、T_2' 和 T_3'（图中以黑色虚线表示），对应的采样位置泛化到灰色柱体 T^*中。除泛化外，空间变换也会造成严重的信息丢失。例如，给定查询“返回采样位置在区域 A 中的轨迹数目”。如果在 T^*上执行该查询，则返回结果为空。实际上，轨迹 T_1 的采样位置在区域 A 中。假如避免空间转换，则必须扩大匿名区域面积，同样会造成信息丢失。图 5-2c 中增加了轨迹 T_4。4 条轨迹的半径较大，导致 T_4 没有和 T_1、T_2、T_3 聚类到同一个簇中，T_4 将被删除。剩余 3 条轨迹的处理和图 5-2b 中的处理一样，最终达到轨迹 3-匿名。

由图 5-2 可知，为了达到轨迹 k-匿名，需要删除、空间转换、泛化等操作，这些操作都会造成信息丢失，因此，轨迹 k-匿名会造成较严重的信息丢失。

5.3.2　地理位置、访问位置和语义位置

移动对象的轨迹数据存储在移动对象数据库中。给定移动对象 O_i，其轨迹 T_i 是由离散采样位置构成的序列，可以表示为 $T_i = \{id_i, (x_1, y_1, t_1),$

$(x_2, y_2, t_2),\cdots, (x_n, y_n, t_n)\}$。其中，$id_i$ 表示移动对象的标识符，(x_i, y_i)表示移动对象在时刻 t_i 的位置，也称为轨迹上的采样位置。原始轨迹数据是由 GPS 记录存储的。

定义 5-9　GPS 记录 G：GPS 记录 $\boldsymbol{G}$ 是一个五元组<id, *x*, *y*, *h*, *t*>，其中 id 表示该 GPS 记录的标识符；<*x*, *y*>表示 $\boldsymbol{G}$ 所记录位置的地理坐标；h 是该地理位置的高度；t 表示记录 $\boldsymbol{G}$ 产生的时间。

给出一个 GPS 记录的例子：<001, 39.967 258 333 333 3, 116.344 525, 1 303,2007-05-15, 08:59:47>。其中，地理坐标是以经纬度坐标给出的。用户的轨迹就是按时间排序的 GPS 记录的序列。

定义 5-10　地理位置 L：地理位置 $\boldsymbol{L}$ 由二元组<*x*, *y*>表示，它代表了地理位置 $\boldsymbol{L}$ 的经纬度坐标。

轨迹数据中的地理位置大致可以分为两类：经过位置和访问位置。经过位置是指移动对象仅仅经过该位置，未在该位置停留或访问；访问位置是指移动对象停留（速度为 0 且持续一段时间）或访问（速度不为 0，但是反复在某个位置附近游走）过的位置。

定义 5-11　访问位置 L_{sp}：访问位置 $\boldsymbol{L}_{\mathbf{sp}}$ 由四元组<sID, *x*, *y*, Δ*t*>表示，其中 sID 表示该位置的标识符；<*x*, *y*>表示该位置的地理坐标；Δt 表示移动对象在该位置停留或访问的时间。

当移动对象在某个地理位置停留或访问一段时间后，可获取一个访问位置；当多个移动对象在该位置附近停留后，就得到多个访问位置。多个访问位置可能代表同一个真实的语义位置。这是由于移动对象访问同一个语义位置时，可能停留的地理位置不同（例如，访问同一个商场，有些用户从前门进入，有些用户从后门进入，同一个商场就对应了多个访问位置），或是由 GPS 的测量误差造成的。为了获取移动对象访问的真实语义位置，给出了语义位置的定义。

定义 5-12　语义位置 P：语义位置 $\boldsymbol{P}$ 由若干访问位置构成，它可以表示为<pID, loc, add, sem>，其中，pID 是该语义位置的标识符；loc 表示该语义位置中心点的坐标；add 表示该语义位置的地址；sem 表示该语义位置的语义特性，由三元组<$\vec{v}$, Δt_{avg}, t_{enter}>表示，3个属性分别表示访问者、平均停留时间以及平均进入时间。

语义位置指真实世界的包含语义的位置，如餐馆、酒店、商场等。语义位置可供移动对象访问或停留。

定义 5-13 **匿名区域 *Z*：** 感知位置语义的匿名区域是指至少包含 *l* 个语义位置的区域，由四元组<zID, bl, ur, pn>表示。其中，zID 表示该匿名区域的标识符；bl 和 ur 分别表示匿名区域的左下角坐标和右上角坐标；pn 表示该匿名区域中包含语义位置的数量。为表达方便，在不产生歧义的情况下，本节将感知位置语义的匿名区域简称为匿名区域。

图 5-3 展示了地理位置、访问位置、语义位置和匿名区域的例子。实心圆点代表地理位置；空心圆点代表访问位置；三角形、圆形、正方形代表语义位置，不同的形状表示不同的语义；阴影矩形表示包含 3 个语义位置的匿名区域。匿名区域是语义位置的泛化，语义位置是通过访问位置获取的。也就是说，匿名区域是访问位置的泛化。

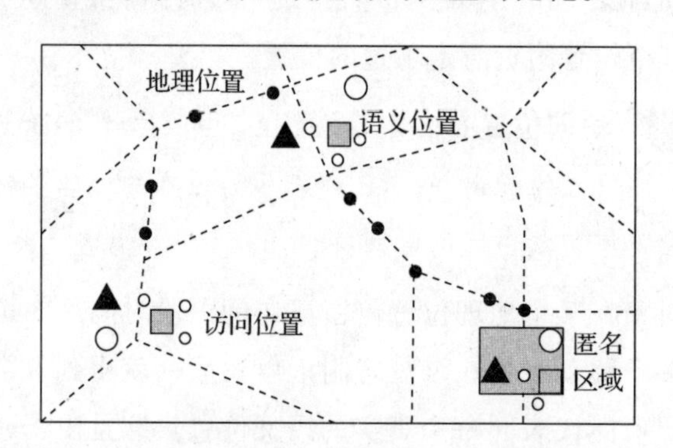

图 5-3 地理位置、访问位置、语义位置和匿名区域

5.3.3 区分位置敏感度的轨迹隐私保护

为了克服 5.2.1 节中提到的轨迹 *k*-匿名造成信息丢失过大的问题，文献[71]中提出了一种区分位置敏感度的轨迹隐私保护方法 YCWA（You Can Walk Alone）。如 5.2.2 节所述，轨迹上的采样位置可分为访问位置和经过位置两类，保护了访问位置就可以保护轨迹的隐私，这是基于以下

两点。

1）访问位置易于和背景知识关联。攻击者的背景知识多为其他机构收集或者发布的信息，例如，移动社交网络中的签到记录、某个商户的信用卡交易记录、医院的就诊记录等都可能成为攻击者的背景知识，且这些背景知识记录的均为用户轨迹上的访问位置。攻击者可以利用这些背景知识与轨迹数据相关联以识别用户的轨迹，即特定语义位置攻击。保证停留位置不泄露就可保证轨迹无法通过背景知识的关联被识别出来。

2）访问位置更敏感，因为它能披露更多的个人隐私信息。访问位置往往包含了较多的语义信息，例如，某人访问了医院，攻击者可能推理出他有健康问题。然而，如果该个体的轨迹数据仅仅经过了医院，并不能推导出他有健康问题。保护了轨迹上的访问位置可保证轨迹上的敏感信息不泄露。

YCWA 通过访问位置的匿名处理，既保护了轨迹隐私，又降低了发布数据的信息丢失率。YCWA 方法旨在将原始轨迹数据库 D 转换为可发布的版本 D^*，保证任意访问位置在 D^*中泄露的概率至多为 $1/l$。其中，l 是用户指定的隐私参数。总体来说，YCWA 方法的过程如下（如图 5-4 所示）。

1）匿名区域生成。首先，从原始轨迹数据库中抽取访问位置；然后，利用反向地址解析器将地理位置转换为语义位置；最后，利用两种算法（基于格划分的 GridPartition 算法和基于聚类的 DiverseClus 算法）构建匿名区域。

2）轨迹数据匿名。将原始轨迹数据划分为{经过位置，访问位置}序列，将访问位置用匿名区域取代；如果经过位置被匿名区域覆盖，则抑制该位置；否则不做处理。最终，生成可发布轨迹数据库 D^*。

3）信息丢失率衡量。衡量可发布轨迹数据库 D^*与原始轨迹数据库 D 的信息丢失率。由于最终发布的轨迹数据库是供挖掘分析使用的，因此，需保证数据的可用性。文献[71]利用文献[76]中的方法衡量信息丢失，即从可发布数据库中唯一识别某个采样位置的概率。

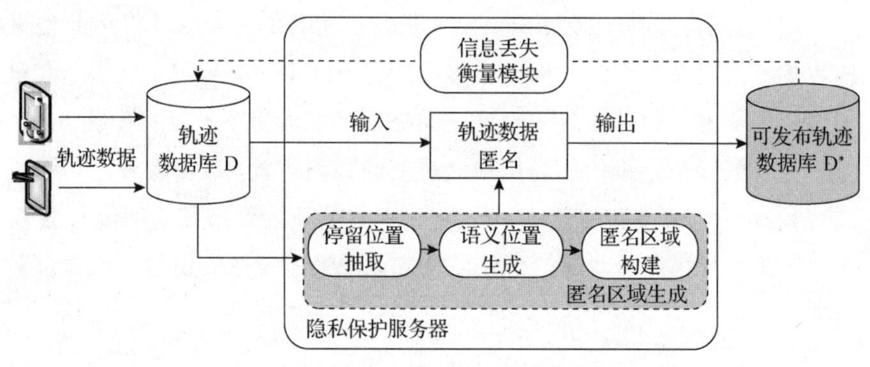

图 5-4 YCWA 算法系统结构

匿名区域的生成是轨迹匿名的关键步骤。因此，下面主要介绍匿名区域构建中基于格划分的 GridPartition 算法和基于聚类的 DiverseClus 算法。

（1）基于格划分的 GridPartition 算法

GridParition 算法将二维空间均匀地划分为大小相等的单元，每个单元称为一个“格”，语义位置分布在不同的“格”中，且每个格中包含的语义位置数目不同，符号 G_i.num 表示格 G_i 中包含的语义位置的数量。对于用户指定的隐私保护参数 l，并不是每个格中都包含足够的语义位置。

GridParition 算法按照规定的顺序扫描每一个格。如果格中包含的语义位置数量大于 l，即 $G_i.\text{num}>l$，则 G_i 满足隐私保护条件，即为一个匿名区域，将 G_i 放入集合 D_{zones} 中。若格中的语义位置数量介于 0 和 l 之间，即 $0<G_i.\text{num}<l$ 时，算法拟将 G_i 和它的邻居合并。格 G_i 的邻居是指在空间上与其有公共边的格，格的邻居分为格邻居 NGB_g 和区域邻居 NGB_z。格邻居是指包含语义位置数不足 l 个的邻居，区域邻居是指包含的语义位置数目至少为 l 的邻居。

图 5-5a 展示了白底格 G_i 的 4 个邻居（由灰底格表示，l=5）。其中，c_l、c_r 和 c_b 为其格邻居，c_u 为其区域邻居。当格 G_i 中不足 l 个语义位置时，首先选择与其格邻居合并。若其格邻居为空，则选择与其区域邻居合并。

合并完成之后，需更新 G_i.num、G_i.ur 和 G_i.bl，并把 G_i 放入匿名区域集合 D_{zones} 中。图 5-5b 展示了通过 GridPartition 算法生成的两个匿名区域 Z_1 和 Z_2。

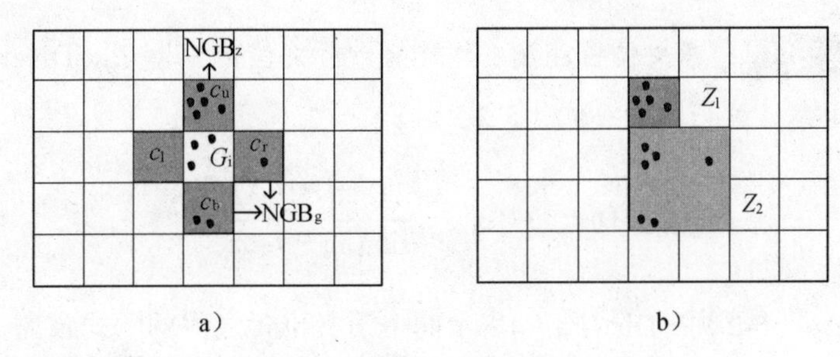

图 5-5　GridPartition 算法示例

GridPartition 算法可以保证生成的匿名区域中至少包含 l 个语义位置，然而该方法并未考虑语义位置的相似度。如果匿名区域中包含了 l 个相同类型的语义位置，则仍可能由于同质性攻击导致隐私泄露。DiverseClus 算法可以解决这个问题。

（2）基于聚类的 DiverseClus 算法

DiverseClus 算法以聚类为基础。计算距离是聚类方法的关键，DiverseClus 算法采用混合距离计算两个语义位置的距离。在说明混合距离的定义前，首先定义两个语义位置的语义相似度，然后再定义两个语义位置的距离。

通过 3 个参数来衡量位置之间的语义相似度：访问者向量 $\vec{v}$、平均停留时间 Δt_{avg} 和平均进入时间 t_{enter}。其中，访问者向量由访问者数量、访问者平均年龄等属性构成。一般情况下，不同类型的语义位置会在上述 3 个参数上展现不同的特点。例如，写字楼的平均进入时间大概为早上 8 点至早上 10 点，平均停留时间为 5 小时至 9 小时，购物广场的平均进入时间和平均停留时间却完全不相同。语义位置的相似度如下。

定义 5-14　**语义相似度**：给定两个语义位置<P_i, loc, add, sem>和<P_j, loc, add, sem>，其中 sem 由向量<$\vec{v}$, Δt_{avg}, t_{enter}>表示。语义位置 P_i 和 P_j 的语义相似度可由公式（5-1）计算：

$$\mathrm{sim}(P_i,P_j)=\frac{\vec{v_i}\cdot\vec{v_j}}{|\vec{v_i}||\vec{v_j}|}+\frac{\min(\Delta t_{\mathrm{avg}i},\Delta t_{\mathrm{avg}j})}{\max(\Delta t_{\mathrm{avg}i},\Delta t_{\mathrm{avg}j})}+\frac{\min(t_{\mathrm{enter}i},t_{\mathrm{enter}j})}{\max(t_{\mathrm{enter}i},t_{\mathrm{enter}j})} \tag{5-1}$$

语义相似度的值越大，两个语义位置的种类越相似，语义距离越近。

定义 5-15 **语义位置距离**：给定两个语义位置 P_i 和 P_j，DiverseClus 方法的距离计算公式如公式（5-2）所示。

$$\mathrm{Dist}_{\mathrm{mix}}(P_i;P_j)=\frac{\mathrm{Dist}(P_i,P_j)}{\mathrm{sim}(P_i,P_j)+\alpha} \tag{5-2}$$

在公式（5-2）中，$\mathrm{Dist}(P_i, P_j)$表示两个语义位置之间的欧式距离，$\mathrm{sim}(P_i, P_j)$表示两个语义位置之间的语义相似度，可由公式（5-1）计算得出。α 是调节参数，用以避免除数为零的情况，或在语义相似度非常小时对结果进行平滑。

DiverseClus 算法的思想和 k-mediods 聚类方法[72]类似。首先，选择一个聚类中心 P_{cen}，这个聚类中心是所有语义位置的地理中心。然后，选择距离 P_{cen} 最远的语义位置作为聚类中心，此处的“最远”是由公式（5-2）定义的混合距离衡量的。以此类推，直到聚类中心的数目 N_{cen} 大于$\lfloor |D_{\mathrm{places}}|/l \rfloor$时，停止选择聚类中心。Clus.$S_{P_{\mathrm{cen}}}$ 代表使用 P_{cen} 作为聚类中心的聚类打分，聚类打分用簇中所有语义位置与中心位置 P_{cen} 的混合距离之和来衡量。显然聚类打分越低，聚类效果越好。

为了得到较为紧凑的聚类，算法尝试用其他语义位置代替 P_{cen} 作为聚类中心，然后计算聚类打分。用簇中任意语义位置 P_i 替代 P_{cen}，计算聚类打分。如果使用 P_i 作为聚类中心生成的簇比使用 P_{cen} 生成的簇更紧凑，即 $S_{P_i}<S_{P_{\mathrm{cen}}}$，则用 P_i 替代 P_{cen}，直到没有替换发生时，即找到效果最紧凑的聚类中心。最后，聚类形成的簇由其对应的最小边界矩形表示，更新 Clus.num、Clus.bl 和 Clus.ur，将簇 Clus 对应的最小边界矩形放入匿名区域集合 D_{zones} 中。经过上述处理过程生成了语义位置的匿名区域，每个匿名区域中包含至少 l 个语义位置。

5.4　基于前缀树的轨迹隐私保护方法

对轨迹数据的分析挖掘可支持多种类型的应用，许多服务提供商或科研机构通过分析移动对象轨迹数据中的行为模式来优化个性化服务。例如，在移动社交网络中，通过分析移动对象的签到序列构成的轨迹数据，可发现用户的行为模式、兴趣爱好等信息，从而实现广告的精准投放。然而，5.1 节和 5.2 节介绍的方法并不能保留轨迹数据中的频繁模式。本节介绍一种基于前缀树的轨迹隐私保护方法 PrivateCheckIn，该方法能够在保护轨迹隐私的前提下，保留轨迹中的频繁行为模式，为需要此类轨迹数据的应用提供了一种解决思路。

5.4.1　系统结构

图 5-6 展示了 PrivateCheckIn 算法在移动社交网络签到服务中的系统结构，它是一种基于中心服务器的系统结构。如第 2 章所述，该结构由客户端、隐私保护服务器及服务提供商三部分组成。其中，隐私保护服务器和移动社交网络用户都是可信的，恶意攻击可能来自于服务提供商或第三方攻击者。中心服务器结构之所以在用户与服务提供商之间加入隐私保护服务器，是因为无法确定服务提供商是可信的。在签到服务中，采用中心服务器结构实现隐私保护有如下优势：

- 用户不直接与服务提供商交互，有利于保护用户的隐私。
- 隐私保护服务器掌握全局信息，易于实现隐私保护算法。
- 隐私保护服务器承担了隐私保护算法的计算，避免了客户端的大量计算，减轻了客户端的压力。

用户使用签到服务前，向隐私保护服务器发送注册请求。用户注册模块负责处理用户注册、存储用户设定的个性化隐私保护参数，主要包括隐私保护参数 k、最长时间容忍度 Δt、预定义敏感位置集合（Sensitive Location Set，SLS）。当用户准备签到时，将“预签到”命令发送给隐私保护服务器。预处理模块判断用户提交的位置是精确的地理位置还是语义位置。如果是语义位置，则直接缓存用户的签到位置；如果是地理位置，该模块向服务提供商发起匿名查询，获得附近的兴趣点（Point of Interest，POI），返回给用户，用户选择合适的兴趣点再次预签到。预处理模块还负责删除签到序列中用户预定义的敏感位置。隐私保护模块根据用户签到序列构建前缀树，对前缀树进行剪枝和重构生成 k-匿名前缀树。最后，遍历 k-匿名前缀树得到可签到的 k-匿名序列，并向服务提供商签到。

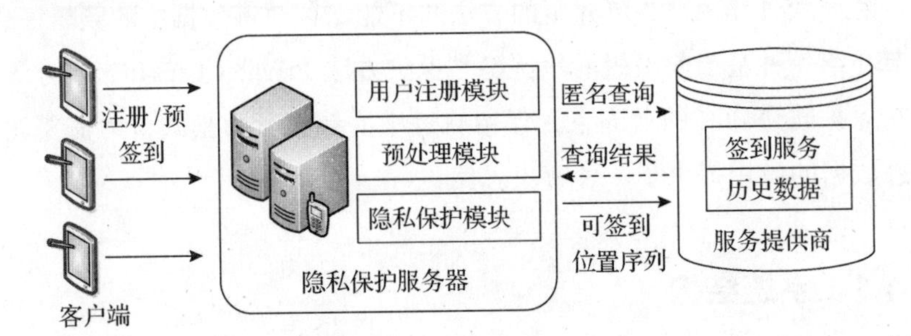

图 5-6　PrivateCheckIn 方法的系统结构

5.4.2 PrivateCheckIn 方法

本节介绍 PrivateCheckIn 方法的具体内容。

定义 5-16　**签到序列**：用户 u_i 在某个位置的签到记录可表示为 (l_i,t_i)，其中 l_i 表示签到位置的 ID，t_i 表示签到时间。签到记录按时间排序构成了用户 u_i 的签到序列 $Ch_i=\{(l_1, t_1), (l_2, t_2), \cdots, (l_n, t_n)\}$。签到序列中的位置集合称为该用户的签到位置集合。

定义 5-17　**安全签到序列**：给定用户 u_i 及其预定义敏感位置集合 SLS、签到序列 ChS_i 及对应的签到位置集合 ChS_iL，当且仅当 ChS_iL 中不包含任何属于 SLS 的位置，即 $\forall l_i \in ChS_iL, l_i \notin SLS$ 时，称 Ch_iS 是 u_i 的安全签到序列。

定义 5-18　**k-匿名签到序列**：给定用户 u_i 及其预定义的隐私保护参数 k、最长时间容忍度 Δt，当且仅当有其他 k-1 个用户在 Δt 时间内与 u_i 有相同的签到序列时，签到序列 kCh_iS 称为 u_i 的 k-匿名签到序列。k-匿名签到序列中的位置集合称为 u_i 的 k–匿名签到位置集合。

若用户 u_i 的签到序列是 k–匿名签到序列，其轨迹隐私泄露概率 $P_{ex} \leqslant 1/k$，其中 k 是用户设置的隐私保护参数。

定义 5-19　**损失签到/采样位置**：设用户 u_i 的签到位置集合为 $\mathrm{Ch}_i\mathrm{L}$，其 k–匿名签到位置集合为 $k\mathrm{ChS}_i\mathrm{L}$。损失签到/采样位置集合 L 可表示为 $L=\{l_i \mid (l_i \in \mathrm{Ch}_i\mathrm{L} \cap l_i \notin k\mathrm{ChS}_i\mathrm{L}) \cup (l_i \in k\mathrm{ChS}_i\mathrm{L} \cap l_i \notin \mathrm{Ch}_i\mathrm{L})\}$。

损失签到/采样位置即 k–匿名签到位置集合与原始签到位置集合相比，减少或增加的签到位置构成的集合。

PrivateCheckIn 算法包括以下几个步骤。

- 签到序列预处理。即将用户签到序列中属于 SLS 的位置删除；构建签到序列等价类，将起止签到时间相近的序列放入同一个等价类。
- 将等价类中的签到序列按签到位置 ID 排序，并构建前缀树。然后，根据隐私保护参数 k 对前缀树剪枝，将支持度小于 k 的节点或路径剪除。
- 用剪除的路径重构前缀树，以减少损失签到位置。最后，对重构后的 k–匿名前缀树进行深度优先遍历，得到可签到的 k–匿名序列。

第一步的处理比较简单，该方法的关键内容在于如何生成损失签到位置最少的 k–匿名签到序列。利用前缀树完成第二步和第三步的任务。在 5.4.3 节和 5.4.4 节中将分别介绍第二步和第三步的处理。

5.4.3　前缀树的构建与剪枝

前缀树是一种紧凑的序列表示方式，用前缀树存储签到序列更节省存储空间。此外，由于用户的签到位置是语义位置，即使在同一个语义位置签到时所处的地理坐标不同，也会得到相同的签到位置 ID。对前缀树进行深度优先遍历，可无损恢复签到序列。因此，用前缀树表示签到序列是有效且可行的。

定义 5-20　**前缀树**：前缀树 PT 可表示为如下的三元组：PT=(N, E,

Root (PT))。其中，N 表示前缀树中节点的集合；E 表示前缀树中边的集合；Root (PT) (Root(PT)$\notin N$)是前缀树的虚拟根节点。

定义 5-21 ***k*-匿名前缀树**：当且仅当除根节点以外的所有节点的支持度都大于或等于 k 时，前缀树 PT 为 k-匿名前缀树。

在前缀树中，每个节点（除了根节点）有唯一的父节点，且有唯一一条路径从根节点到达该节点。对于除根节点的任何节点 $n\in N$ 可表示为：<ID, item, support, children>。其中，ID 表示该节点的标识符，item 表示存储的数据，support 表示该节点的支持度，children 表示该节点的子节点。

前缀树中每个节点表示一个签到位置（位置 ID 相同即为同一个签到位置）。首先，在前缀树 PT 中找到安全签到序列 ChS_i 的最大前缀，记为 Path_l。最大前缀是指，在 PT 中不存在另一前缀 Path_l'，它即是 ChS_i 的前缀且长度大于 Path_l。其次，将序列 ChS_i 添加到包含其最大前缀的路径上，更新最大前缀 Path_l 上每个节点的支持度值。对于在 ChS_i 中且不在 Path_l 中的节点，将其支持度置为 ChS_i 的支持度，最后返回前缀树 PT。

PrivateCheckIn 算法将轨迹 k-匿名问题转化为生成 k-匿名前缀树的问题。如果用户的签到序列生成的前缀树为 k-匿名前缀树 PT^k，遍历 PT^k 得到的签到序列满足轨迹 k-匿名。上述方法生成的前缀树不一定是 k-匿名前缀树，下面我们对前缀树进行剪枝，将支持度小于 k 的节点或路径剪除。

从根节点开始扫描前缀树中的所有节点，当某个节点 n_i 的支持度小于 k 时，则对 n_i 进行剪枝。根据节点类型的不同，剪枝分两种情况处理：①如果 n_i 是叶子节点且深度大于 2，则直接将 n_i 删除，不影响其父节点的支持度；②如果 n_i 是非叶子节点或 n_i 是叶子节点且深度不大于 2，需剪除掉包含 n_i 的整条路径，即以 n_i 为终点的路径上所有节点的支持度减去节点 n_i 的支持度。其中 Path (n_i, PT)表示前缀树 PT 中到达节点 n_i 的路径。C_{list} 中存储的是剪除的序列，但不包括剪除的单个叶子节点。对 n_i 的子节点也进行相同的剪枝操作。最终返回剪枝后的前缀树 PT^*以及剪除的序列集合 C_{list}。

图 5-7 给出了构建前缀树及剪枝的例子，其中，k=3。图 5-7a 给出了

移动社交网络中 11 个用户的签到序列。图 5-7b 是利用签到序列构造的前缀树。为了减少剪除的签到序列，减轻重构时的计算代价，将深度大于 2 的叶子节点、深度小于等于 2 的叶子节点和非叶子节点分开处理。由图 5-7a 和 5-7b 的对比可以看出，整条序列 $L_3 \to L_4 \to L_5$、$L_2 \to L_7 \to L_8 \to L_9$ 被剪除，序列 $L_2 \to L_7 \to L_{10}$ 上的节点 L_{10}、序列 $L_1 \to L_2 \to L_3 \to L_4 \to L_5$ 上的节点 L_5、序列 $L_1 \to L_3 \to L_4 \to L_5 \to L_6$ 上的节点 L_6 被剪除，而 C_{list} 中仅保存签到序列 $L_3 \to L_4 \to L_5$ 和 $L_2 \to L_7 \to L_8 \to L_9$，并没有将支持度不足 k 的叶子节点所在的路径完全剪除，降低了重构时的计算代价。图 5-7d 显示了剪枝掉的签到序列。为了减少损失签到位置，PrivateCheckIn 算法引入了重构前缀树的方法。

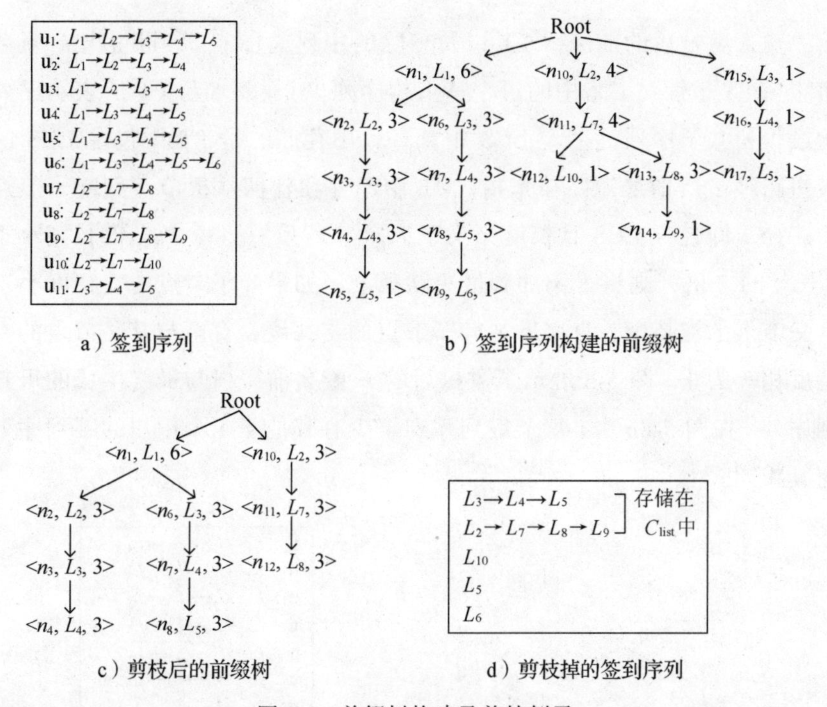

a）签到序列　　b）签到序列构建的前缀树

c）剪枝后的前缀树　　d）剪枝掉的签到序列

图 5-7　前缀树构建及剪枝例子

5.4.4　前缀树的重构

重构前缀树的目的是减少损失的签到位置，其主要思想是：在前缀树上为已剪除的签到序列寻找合适的路径，若存在路径使得重构剪除序列增加的节点数小于剪除的节点数，那么重构操作可以减少损失签到位置。为使重构时增加的损失签到位置最少，需找到剪除序列与前缀树所表示序列的最长公共子序列，其定义如下所示。

定义 5-22 **最长公共子序列**：给定两个签到序列 S_1 和 S_2，如果存在子序列 S_{sub} 满足 $S_{sub} \subset S_1$、$S_{sub} \subset S_2$ 且不存在子序列 $S'_{sub} \supset S_{sub}$，满足上述条件，则称 S_{sub} 是 S_1 和 S_2 的最长公共子序列。

例如，给定序列 $L_1 \to L_2 \to L_3 \to L_4 \to L_5$ 和 $L_1 \to L_3 \to L_4 \to L_6$，其最长公共子序列为 $L_1 \to L_3 \to L_4$，而非 $L_1 \to L_3$ 或 $L_3 \to L_4$。下面给出利用最长公共子序列重构前缀树的过程。

输入剪枝后的前缀树 PT^*以及剪除的序列集合 C_{list}，可得出 k-匿名前缀树 PT^k。针对 C_{list} 中的每个待重构序列 S，找到 S 与 PT^*所表示序列的最长公共子序列，存入 LCS 中。P_{least} 中存储的是 PT^*中包含 LCS 的最短路径。所谓最短路径是指，PT^*中不存在任何从根节点到叶子节点的路径，即包含 LCS 且长度又小于 P_{least}。若最短路径 P_{least} 的长度小于 S 长度的 2 倍，则将 S 添加到最短路径上。如果叶子节点的支持度小于其父节点的支持度，直接增加叶子节点的支持度，直至与其父节点的支持度相等为止。图 5-8 展示了重构后的 k-匿名前缀树与最终生成的可签到序列。在图 5-8b 中，每个签到序列至少有其他 k-1 个用户的签到序列与其相同。

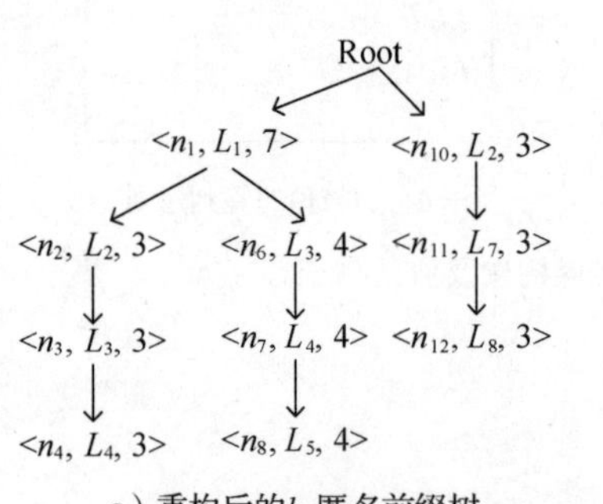

a）重构后的k-匿名前缀树

u1：$L_1 \to L_2 \to L_3 \to L_4$
u2：$L_1 \to L_2 \to L_3 \to L_4$
u3：$L_1 \to L_2 \to L_3 \to L_4$
u4：$L_1 \to L_3 \to L_4 \to L_5$
u5：$L_1 \to L_3 \to L_4 \to L_5$
u6：$L_1 \to L_3 \to L_4 \to L_5$
u7：$L_2 \to L_7 \to L_8$
u8：$L_2 \to L_7 \to L_8$
u9：$L_2 \to L_7 \to L_8$
u10：$L_2 \to L_7 \to L_8$
u11：$L_1 \to L_3 \to L_4 \to L_5$

b）k-匿名签到序列

图 5-8 重构后的前缀树与签到序列

5.5 小结

本章介绍了几种典型的轨迹隐私保护技术。5.2 节介绍了基于图划分的轨迹隐私保护方法，该方法将轨迹 k-匿名问题转化为图划分问题，与之前的 k-匿名方法相比，提高了匿名成功率。5.3 节介绍了一种区分位置敏感度的轨迹隐私保护方法 YCWA，该方法重点保护访问位置的隐私，避免不必要的位置泛化操作，从而降低了信息丢失率。尽管 YCWA 方法在某些情况下的隐私保护度不如轨迹 k-匿名，但是在特定应用环境下，YCWA 方法具有良好的可用性和效率，最重要的是，YCWA 方法得到的轨迹数据可用性明显高于轨迹 k-匿名方法。5.4 节介绍了一种基于前缀树的轨迹隐私保护方法。该方法通过对前缀树的剪枝及重构找到用户的 k-匿名签到序列，能有效保持轨迹上的频繁访问模式，在保护用户轨迹隐私的同时提高了数据可用性。

第 6 章‖

面向隐私的查询处理技术

在前 5 章中，针对用户过去、现在、未来的位置介绍的位置隐私保护方法均与攻击者的背景知识有关，即在说明了某种特定背景知识下，介绍了相应的位置隐私保护方法。然而，基于保护后位置的查询处理并没有相关介绍。在大数据时代，由于数据的关联性、多样性、大规模性等特点，攻击者具有的背景知识较难量化，任何细微的信息泄露都有可能被攻击者利用而攻击成功[81]。而基于背景知识获得的失真位置数据即匿名区域，使攻击者至少可以掌握用户经常出现的区域等隐私信息。完全不泄露用户敏感查询信息的隐私保护通常称为强隐私保护（Strong Privacy Protection）。本章将基于私有信息检索技术，介绍一类在完全不泄露用户敏感查询信息的前提下，针对常见移动查询类型提供的面向隐私的查询处理技术。

6.1 面向隐私的近邻查询保护方法

近邻查询在 LBS 中占据着极其重要的位置。例如，行驶在路上的司机希望查找距其最近的加油站，或者游览景点的游客希望查找距其最近的餐馆等。现有的应用于路网环境中的近邻查询隐私保护方法基于空间模糊化[82]，将用户的精确查询位置模糊化成一个空间范围。然而，攻击者仍然可以知晓用户的查询位置在一定的空间范围内。如果攻击者具备一些背景知识，则可以进一步确定用户的查询位置。本节将利用私有信息检索技术（PIR）为近邻查询用户提供较强的查询隐私保护。同时，为了加快查询处理速度，本节介绍了基于路网维诺图（Network Voronoi Diagram，NVD）的查询处理方法及针对该方法的高效的查询计划。

第1章已经提到，PIR可以保证单一数据项的安全检索，不给服务器留下任何检索内容的线索。利用PIR技术实现路网环境中面向隐私的 k 最近邻查询主要面临如下挑战性问题：①PIR技术仅保证单一数据页的检索是安全的。由于空间查询的特性（POI分布密度的不同），不同位置的查询需要检索的数据页数目不同。攻击者可以根据当前查询检索数据页数目的多少推测查询位置所处区域的POI稀疏情况，从而导致查询信息泄露。同时，用户提交的查询涉及参数 k，查询处理过程必须对任意 k 值都是安全的，这使得该问题更具有挑战性。②数据库包含大量的数据，直接应用PIR技术效率很低。因此，需要设计高效的索引方式和算法来保证方法的可用性。

6.1.1　系统框架

本节首先介绍攻击者和系统模型的相关内容，然后给出近邻查询中的位置隐私保护目标，即全局区域不可区分，并设计了相应的安全模型，最后对该模型的安全性进行证明。

将路网形式化地表示为无向图 $G(V, E)$，其中，图中的顶点 $v \in V$，表示路网交叉口或者POI；图中的边 $e \in E$，表示两个顶点之间的路径；边的权值表示两个顶点之间的路网距离。用户在路网中的位置 q 提出 kNN查询，LBS返回给查询用户距离 q 的位置最近的 k 个POI。在不考虑隐私保护的情况下，客户端向服务器提出 kNN查询，LBS基于无向图 G 向客户端返回查询结果。

为了保证不泄露用户的任何敏感查询信息，一个最朴素的方法就是当用户提出查询时，将整个数据集从服务器传到客户端。这样服务器仅能知道有一个查询在执行，但却无法获得任何其他信息。然而该方法因为通信代价极高而不可行。结合私有信息检索技术，本节介绍一种索引结构和查询计划来降低通信代价和计算代价。本节利用配置在 LBS 端的安全协处理器（Secure Co-Processor，SCOP）来执行 PIR 的功能。SCOP 提供了一个 PIR 接口，允许客户端从 LBS 端的数据库中检索数据页。这个接口具有不可观察和防篡改功能，可被客户端认为是可信的。

图 6-1 所示为本节系统模型，整个系统框架分为两个部分，即客户端和 LBS，其中 SCOP 配置在 LBS 端。由 SCOP 预计算得到的基于 PIR 的加密索引结构被组织成大小相等的数据页存储在 LBS 端。当客户端提交查询时，根据固定的查询计划，通过 SCOP 从 LBS 端多轮检索数据页，直至客户端得到查询结果。

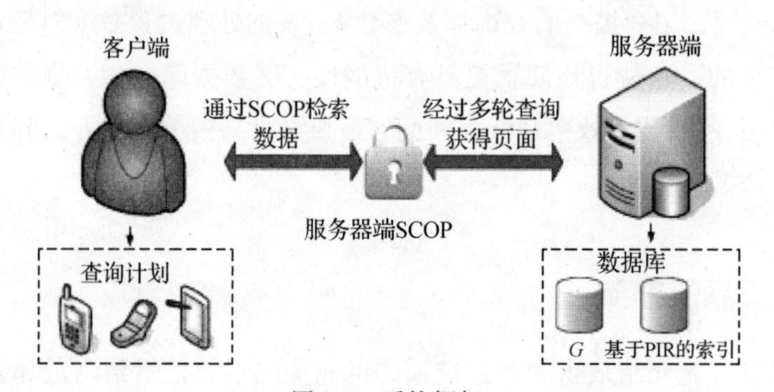

图 6-1　系统框架

6.1.2　攻击模型和安全模型

攻击模型：假设 LBS 是好奇的攻击者，不是恶意的攻击者，即 LBS 正确地执行数据页面的访问，并希望获得关于客户端查询的额外信息——敏感位置信息，但不篡改数据。

安全模型：隐私保护目标通过建立 PIR 协议来处理路网环境中的近

邻查询，不让服务器获得关于用户查询位置的任何信息，即任意查询用户提交查询的位置信息对于服务器来说都是全局区域不可区分的。

定义 6-1　**全局区域不可区分**（Global Indistinguishability，GI）：将整个空间记为 D，假设两个任意查询 q_0 和 q_1 位于 D 中任意位置。客户端随机选择一个查询 $q_i(i\in\{0,1\})$，服务器执行安全查询处理协议。攻击者成功猜测出查询 q_i' 的概率不能高于一个随机值，即 $\Pr(q_i'=q_i)\leqslant 1/2+\varepsilon(N)$，其中，$\varepsilon$ 是相对于安全参数 N 的一个不可忽略的值。

对于任意查询，必须执行相同的查询计划以达到隐私保护的目的。具体地说，查询计划需要确保每个查询：①执行相同轮数的检索；②按照相同的顺序，在每一轮检索相同的索引；③每一轮检索必须检索相同数目的数据页。在本章中，称基于 PIR 的索引为数据库。一般情况下，需要设计多个数据库来提高查询的性能。例如，如果协议需先从数据库 DB_1 获取 3 个数据页，再从数据库 DB_2 获取 10 个数据页，那么每个查询都必须按照此顺序从 DB_1 获取 3 个数据页，从 DB_2 获取 10 个数据页。如果某些查询只需要获取 1 个数据页就可得到结果，那么协议依然会要求其继续执行假页面的访问来完成查询计划。定理 6-1 证明了本节介绍的方法可以达到查询隐私保护的目的。

定理 6-1　路网环境中的近邻查询处理方法结合 PIR 技术和固定的查询计划可以达到对查询位置的强隐私保护的目的，即用户提交的任意近邻查询可达到全局区域不可区分。

证明：通过 PIR 协议，从数据库中单个数据页的请求可以保证 LBS 仅能获知从数据库检索的页面数，而无法获知其他关于查询内容的信息。如果对于任意查询都执行相同的查询计划，对于 LBS 来说，所有查询的数据页检索数都是相同的。对于攻击者来说，任意查询都是全局区域不可区分的。证毕。

6.1.3　基于 PIR 的 *k* 最近邻处理方法

本节主要介绍基于 PIR 的 k 最近邻查询处理框架。将整个数据集划

分为 i 个数据库 DB_1，DB_2，…，DB_i，这样可以降低数据的更新代价和通信代价。查询计划[cnt_1，cnt_2，…，cnt_i]表示任意查询在检索第 i 个数据库时需要通过 PIR 接口检索的数据页的数目。

1. 预备知识

路网维诺图已成功地用于解决路网环境中的空间查询问题，如 kNN 查询。文献[80]给出了其相关定义，此处不再赘述。如图 6-2 所示，v_1～v_{10} 是路网的顶点，其中 v_1～v_4 是 POI。维诺图中的每个维诺单元均以一个 POI 为中心，包含路网上到该 POI 距离近于到其他 POI 距离的位置。在路网维诺图中，相邻维诺单元通过边界点（Border Point，BP）分隔（如 b_1～b_6）。例如，以 v_1 和 v_3 为中心的两个维诺单元被 b_1、b_3 和 b_5 3 个边界点所分隔，且对于每个维诺单元，它的边界点集合构成一个区域。维诺单元中心到该单元内任意位置查询点的距离可通过该单元内的路网信息计算求得。

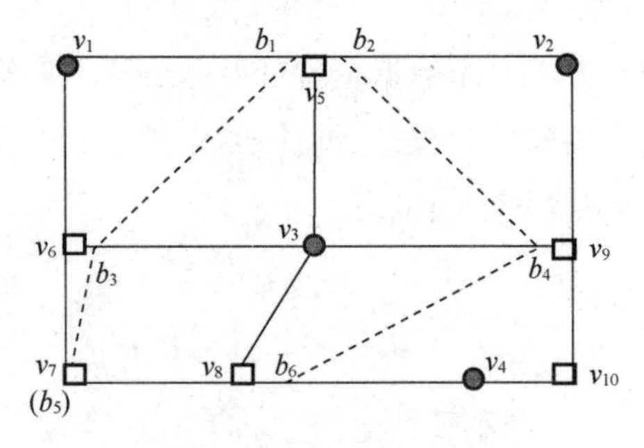

图 6-2　网络维诺图示例

对于 NVD 的性质，文献[80]也做出了详细的定义和证明。在此，我们仅将本节利用的性质通过例子进行说明。利用以下性质，可以容易地求出路网环境中的 kNN 查询结果。

1）查询点 q 的 1NN 是 q 所在网络维诺单元（Network Voronoi Cell，NVC）的中心。假设查询点 q 位于 v_8，而 v_8 在 v_3 的维诺单元内，则 q 的 1NN 一定是 v_3。

2）查询点 q 的 kNN 对象一定是先前计算的$(k-1)$NN 的相邻 POI。也就是说，如果 q 的近邻对象是 v_3，则 q 的 2NN 对象一定是 v_3 的相邻 POI：v_1 或 v_2 或 v_4。假设 q 的 2NN 对象是 v_4，则 q 的 3NN 对象一定是其 1NN 或 2NN 的相邻 POI（即 v_3 或者 v_4 的相邻 POI）。后面将介绍如何在不需要路网信息的情况下计算出近邻结果。

2. 数据组织

为了提高 PIR 检索数据页面的性能，首先构建一个空间索引来划分整个空间路网。通过该划分结构，可以快速定位查询点 q 所在的候选维诺单元。为了达到较高的空间利用率，采用 KD-树来划分整个空间。KD-树的叶子节点容量为一个数据页面的大小，当叶节点不足以容纳与其空间重叠的维诺单元时，叶节点分裂。注意，如果存在一个维诺单元的信息多于一个数据页面的情况，叶节点将不再分裂，而是通过溢出指针指向新建的数据页面。

如图 6-3a 所示，N_1、N_2、N_3 和 N_4 分别表示 KD-树的叶节点。每个节点包含 3～5 条边。相对应地，在图 6-3b 中，DB_1 一共占用 4 个数据页，分别对应于 KD-树的 4 个节点。每个数据页分别记录了在当前叶节点内的维诺单元中心的 ID。假设客户端在 q（黑色五角星）处提出一个查询。根据 q 的位置，客户端直接访问叶节点 N_3 所在的数据记录 A_3，然后客户端可以得到 q 所在的候选维诺单元：V_1、V_3 和 V_4。一旦获得了查询点 q 到这些候选维诺单元中心的距离，就可以得到 q 的 1NN。因此，需要设计第二个数据结构 DB_2 来帮助计算两点间的路网距离。

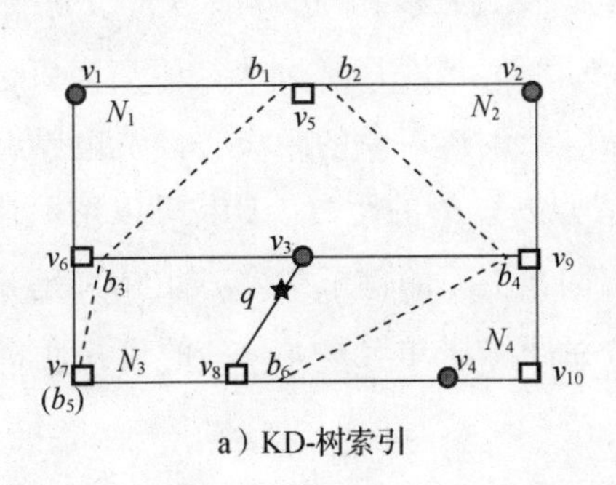

a）KD-树索引

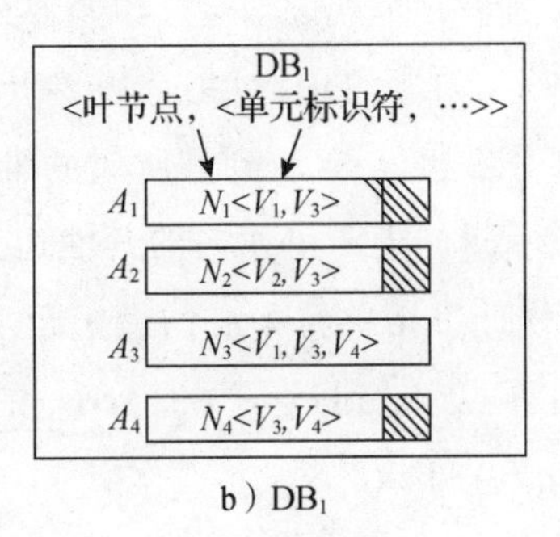

b）DB_1

图 6-3　路网划分示例

如图 6-4 所示，DB_2 存储了每个维诺单元的路网信息：维诺单元内包含的所有顶点、边和边界点的信息。在上面的例子中，客户端可以从 DB_2 访问数据记录 B_1、B_3 和 B_4，由此获得 V_1、V_3 和 V_4 中包含的路网信息。客户端可以根据 Dijkstra 算法通过计算路网距离判断出 q 位于哪个维诺单元内。

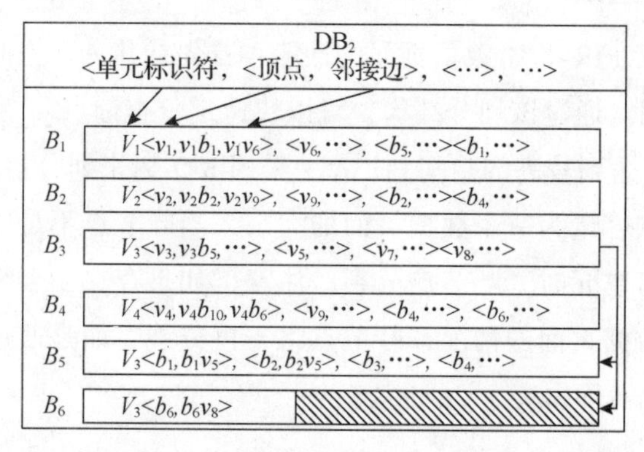

图 6-4　DB_2 示例

根据 NVD 的性质 2），q 的下一近邻一定位于某些候选维诺单元内。这些候选维诺单元一定是已经获得路网信息的维诺单元的邻居，并且我们已经得知了它们的边界点信息。因为之前已经得到了查询点 q 到所有边界的距离，如果知晓每个边界点到另一侧的维诺单元中心的距离（注：边界点的两侧分别是已经获得信息的维诺单元和尚未访问的邻居维诺单元），不需获取邻居维诺单元的路网信息，就能得出哪个维诺单元中心是 q 的下一个近邻对象。如图 6-5 所示，假设每个边界点 b 属于 m_{b} 个维诺单元。那么 DB_3 对每个边界点 b 存储 m_b 个距离列表。距离列表包含两部分：边界点 b_i 到其所属的维诺单元 V_i 对象的距离，以及边界点 b_i 到属于同一维诺单元内的其他边界点 $b_i \in B_j$ 的距离。DB_3 可以帮助计算 q 到候选维诺单元中心的最短距离。在上面的例子中，q 的 2NN 是 q 通过边界点 b_6 到达 q 的 1NN 的邻居维诺单元中心 v_4 的最短距离：$\mathrm{dist}(q,b_6)+\mathrm{dist}(b_6,v_4)$。

页面溢出和页面不满情况的处理：一般情况下，要求一条记录占用数据库中的一个页面。如果存在页面不满的情况，则增加一些假数据来使其达到满页，如 DB_1、DB_2 和 DB_3 中的阴影部分。如果一条记录造成页面溢出，则在数据库末端创建新的页面，并在原页面末尾建立溢出指针指向新页面，如 DB_2 中的 B_3 末尾指向 B_5 和 B_6 的溢出指针。

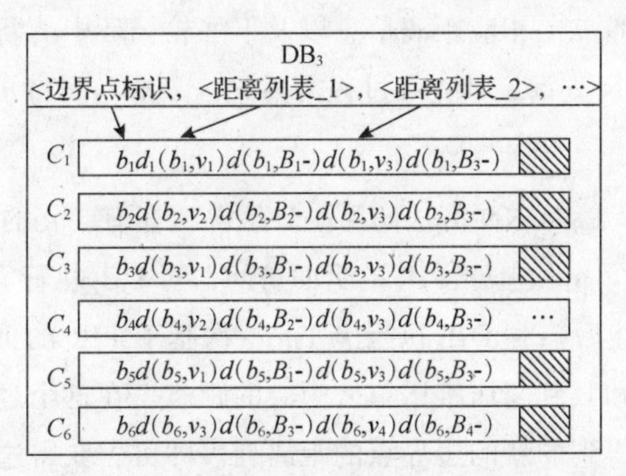

图 6-5 DB_3 示例

3. 查询计划

制定查询计划$[cnt_1,cnt_2,\cdots,cnt_i]$，这 i 个参数分别表示任意查询依序对每个数据库进行 PIR 数据访问时所需要的最大访问页面数。为了便于描述，本节用 n_i 表示 DB_i 中每条单一记录需要的最大页面数。以图 6-4 为例，$n_1=n_3=1$，$n_2=3$。根据 PIR 原理，每个查询必须严格按照查询计划从 DB_1、DB_2 和 DB_3 检索数据页。检索过程如下所示。

1）对于每个查询 q，使用 DB_1 和 DB_2 来计算 q 位于哪个路网维诺单元内。计算出的维诺单元中心即为 q 的 1NN，$cnt_1=n_1$。对于 cnt_2，假设 DB_1 中每条记录包含的最大维诺单元数为 c_2，则 $cnt_2=n_2c_2$。

2）根据 DB_3，客户端计算 q 的下一近邻对象作为其 2NN。该过程需要计算 q 到其 1NN 对象的邻居维诺单元的中心的最小距离。

3）循环重复执行步骤 2 计算 3NN～kNN，得到最终结果。在这个过程中，客户端需要维护所有访问过的维诺单元的边界点到 q 的最小距离。

对于 cnt_3，假设 DB_2 中每条记录中涉及的边界点个数最多为 c_3 个，则每个查询结果需要 $cnt_3=n_3c_3$ 数据页的访问数。为了得到完整的结果集，需要 k-1 次循环。

总体来说，路网环境中的 kNN 查询在 DB_1 需要 n 次基于 PIR 的页面访问、在 DB_2 需要 n_2c_2 次基于 PIR 的页面访问来获得 1NN，并循环 k-1 轮来获得剩余的近邻结果，同时每一轮需要 n_3c_3 次基于 PIR 的页面访问来确定所有边界点的相应距离信息以及下一轮循环中的新维诺中心。路网中所有的 kNN 查询，其查询过程需要 $n_1 + n_2c_2 + (k-1)\ n_3c_3$ 次 PIR 页面访问。

综上所述，PIR-kNN 算法的第一步是得到查询点 q 的 1NN。此过程需要对 DB_1 执行 n_1 次基于 PIR 的页面访问，对 DB_2 执行 n_2c_2 次基于 PIR 的页面访问。然后，对 DB_3 执行$(k-1)n_3c_3$ 次基于 PIR 的页面访问来获取所有的边界点和其到邻居维诺单元中心的距离。在这个过程中，只需要获得上一轮中得到的新的边界点的距离列表即可。获得这些预计算的距离信息后，可以确定 q 的下一个近邻对象。直到获得 k 个最近邻对象，PIR-kNN 算法终止。

6.2 面向隐私的双色反向最近邻查询

在 LBS 的各种应用中，双色反向查询是一种非常重要的查询。给定两个点集 S（服务点集）、R（对象点集），查询点 $q \in S$，双色反向最近邻查询（Bichromatic Reverse Nearest Neighbor，BRNN）要找到最近邻是 q 的对象点集合。图 6-6 给出了双色反向最近邻查询在地图服务中的例子。圆点表示居民区 O_i，方块表示便利店 S_i。Alice 想开一家新的超市，有几个候选的位置 q_i，她想知道在哪个位置开店可以在距离上吸引更多的原本喜欢在其他店购物的居民。通过在这些候选位置上执行 BRNN 查询，可以得知 q_2 是最好的开店位置，因为 q_2 有最大的 BRNN 查询结果集，包含 3 个居民区 O_2、O_3 和 O_6。随着移动计算及基于位置服务的发展，双色反向最近邻查询得到研究者们的关注，它可以广泛地应用于地图查询、资源定位、急救服务调度、军事行动及移动现实游戏等领域中。

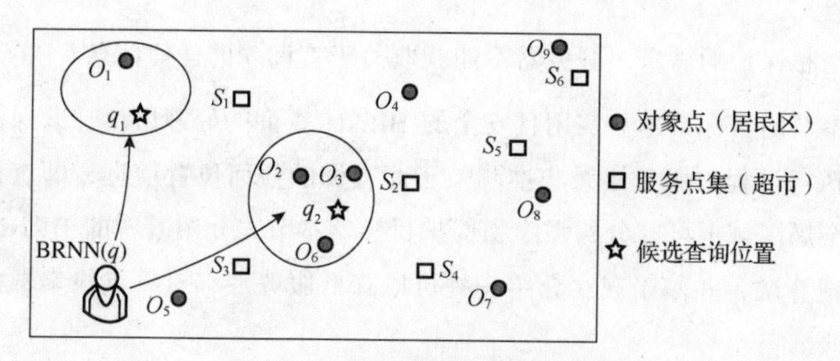

图 6-6　双色反向最近邻查询示例

然而，双色反向最近邻查询可能会导致用户的隐私泄露。例如，在上面的例子中，Alice 的查询位置以及商业意图完全暴露给服务器。再如，在出租车调度中，出租车需要报告自己的当前位置，以便能拉到最近的乘客。然而，出租车报告的位置可能会导致乘客的个人隐私泄露，假如乘客在医院附近上车，可能会暴露其身体健康状况的隐私信息。已有的双色反向最近邻查询[78]以空间模糊化为基础，将位置转换为匿名区域发送给服务器，然而，这类隐私保护技术的隐私保护度不够，且查询结果不精确。

为了提供更高的隐私保护度，本节介绍一种基于隐私信息检索的双色反向最近邻查询技术。在 6.1 节已经介绍，PIR 允许客户端从服务器端秘密地检索一个数据项（如一个数据页），而不泄露这个数据项的任何信息。本节依然采用实用的基于硬件的 PIR 技术，可将一个数据页看作一个数据项。本节介绍一种基于 PIR 的可保证强隐私保护的 BRNN 查询架构；然后，在此架构上应用两个索引模式来适应不同的数据分布；最后，提出一种正交优化技术来进一步提高查询效率。

6.2.1　BRNN 查询隐私保护方法

本节的系统架构与 6.1.1 节的系统架构类似。不同的是，服务器拥有两个兴趣点集，分别称为服务器点集 S 和目标点集 R。客户端发出一个双色反向近邻查询 $q(q\in S)$，服务器返回查询结果，也就是距离 q 最近的目标集，形式化地表示为：$\mathrm{BRNN}(q)=\{r\in R|\forall s\in S:\mathrm{dist}(r,q)\leqslant \mathrm{dist}(r,s)\}$。

由于隐私保护的需求，服务器不能获取关于查询 q 的任何信息。

本节的目标是建立实用且安全的 BRNN 查询的处理协议，以保证在查询执行过程中服务器无法推测关于此查询的任何位置信息，即查询用户的全局区域不可区分的强隐私保护目标。本节先介绍基本的 BRNN 查询处理算法，并基于观察介绍一种可以降低服务点和对象点检索数的优化算法。

1. BRNN 查询处理算法

事实上，已有的大量文献对 BRNN 的查询处理提出了解法。在基于维诺图的方法中，维诺图根据所有的服务点和查询点 q 构建而成，位于 q 所在的维诺单元的对象即为查询结果。因为查询 q 是动态生成的，通过利用维诺图的性质缩小查询边界。

图 6-7 显示了所有服务点的维诺图（这些服务点，我们称为维诺单元的种子）。对于每个种子，其对应维诺单元内的对象到该种子的距离近于到其他维诺单元种子的距离。当一个查询 q 提交的时候，其作为一个新的种子加入到服务点集合中，同时更新维诺图，如图 6-7 所示。对比 6-7a、6-7b 两个图发现，当查询 q 位于 S_2 的维诺单元时，整个维诺图只有 S_1、S_2、S_3 和 S_4 的维诺单元发生了改变。换句话说，查询点 q 的维诺单元只与其所在的原始 S_2 的维诺单元及其邻居单元有关。因此，只有这些单元内的对象有可能落在查询点所在的新维诺单元中，也就是成为 BRNN 查询的结果。对上述观察进行总结，形成如下定理。

定理 6-2 给定查询 q 和所有服务点集生成的维诺图，任意位于 q 所在的维诺单元及其周围维诺单元以外的位置的对象点 M 都不可能是 q 的 BRNN 查询结果。

证明：如图 6-7c 所示，q 与 M 之间的连线必定要穿过 q 的某个邻居维诺单元。假设该邻居维诺单元的种子为 S，I 为从 M 到 q 的连线上与 S 的维诺单元的第一个交点，q 到 M 的直线距离 dist(q,M)=dist(M,I)+dist((I, q)。又因为 I 可以看作 S 的 BRNN，即 dist(I, S)<dist(I, q)，且根据三角不等式，dist(M, S)<dist(M, I)+dist(I, S)，因此 dist(q, M)=dist(M, I) + dist(I,

q) >dist(M, I) + dist(I, S)>dist(M, S)。因此 q 到 M 的距离大于 M 到 S 的距离，即 M 不可能是 q 的 BRNN 结果。证毕。

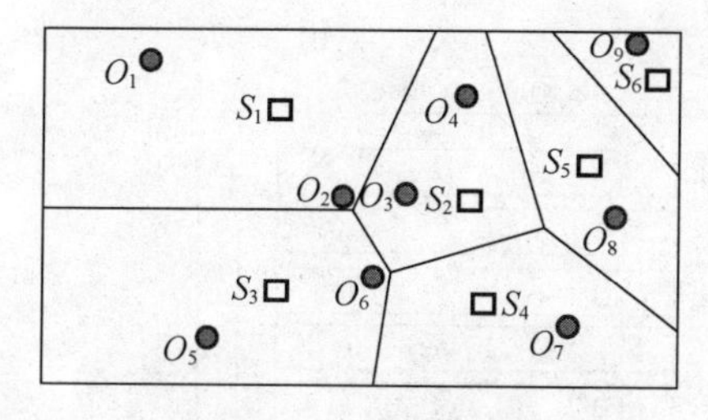

a）由服务点集生成的维诺图

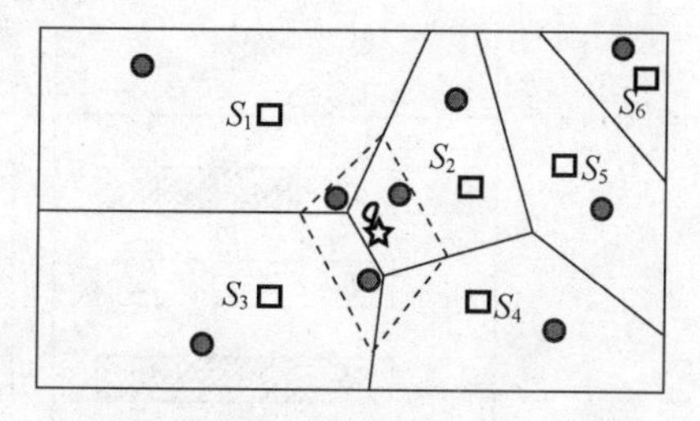

b）由服务点集和查询点共同生成的维诺图

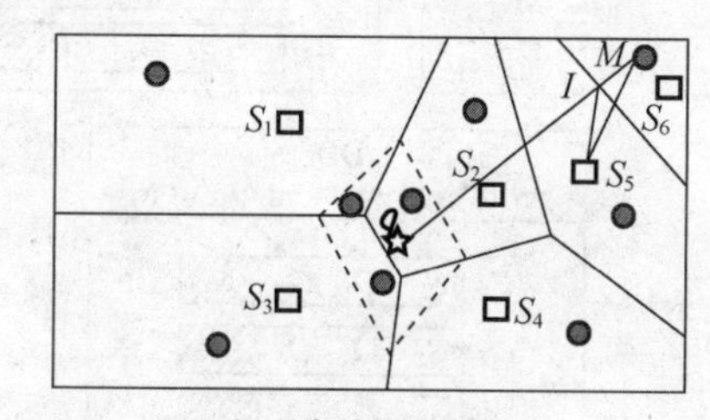

c）观察结果的证明

图 6-7　维诺图示例

通过定理 6-2，制定 BRNN 查询处理算法如下：LBS 首先离线计算出所有服务点的维诺图。当有查询 q 提交时，LBS 发送给客户端：①维诺单元包含 q 的服务点（种子，以及该服务点的邻居服务点）；②这些服务点所在维诺单元内包含的所有对象点。客户端获取这些数据后，通过验证距离的大小过滤真实的 BRNN 结果。

2. 数据组织和查询计划

（1）数据组织

在图 6-1 所示的系统架构中，任何查询处理过程都等价于从新数据组织中进行相同的多轮数据页检索。数据组织可以划分为 3 个逻辑数据库，如图 6-8 所示。DB_1 存储所有的维诺单元，DB_2 记录每个维诺单元的邻居维诺单元，DB_3 存储每个维诺单元中的对象点集。注意：DB_1 实际上是空间的划分，它可以保证客户端从服务器只检索空间重叠的维诺单元，而不需要检索所有的维诺单元。同时，划分是不重叠的，以保证对于任意

的查询 q，在 DB_1 中只需要检索一条记录即可。划分的细节在 6.2.2 节详细讨论。

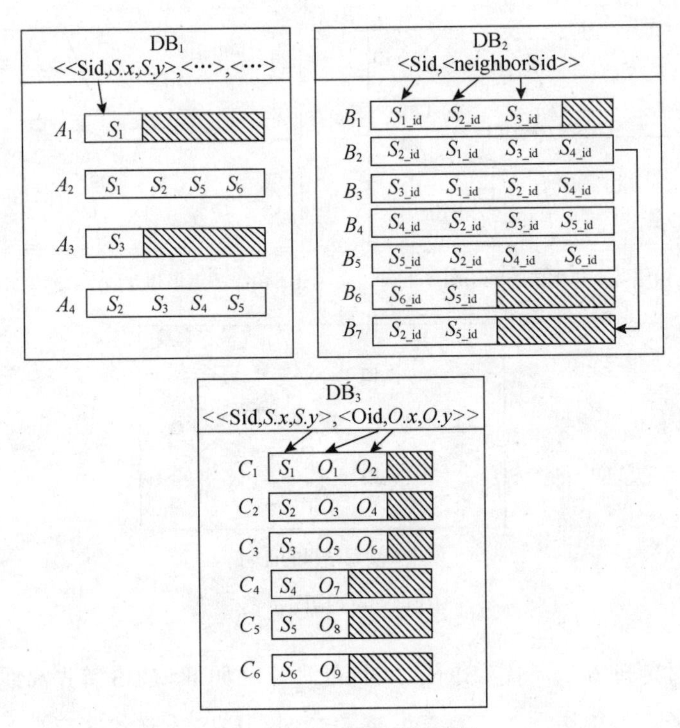

图 6-8 3 个索引结构示例

（2）查询计划

给定数据组织和查询 q，基于 PIR 的检索计划如下。首先，客户端从 DB_1 检索有关查询点 q 所在的空间划分区域的记录。此记录存储了当前的划分空间内所有维诺单元种子的坐标。客户端可以通过计算这些种子到 q 的距离找到离 q 最近的种子 i。接着，客户端从 DB_2 检索关于种子 i 的记录，来获得 i 周围的近邻维诺单元的 ID。根据定理 6-2，q 的维诺单元可以从原始维诺图中的 i 及其邻居维诺单元集来获得。最后，客户端检索 DB_3 中与 q 及 q 的邻居维诺单元中的所有对象。客户端对这些对象点进行过滤以获得最终结果。

根据图 6-7c 中的例子，图 6-8 展示了数据组织的结构。假设查询 q 在五角星的位置提交。DB_1 将整个空间划分为 4 个子区域，分别用 A_1、

A_2、A_3和A_4表示，每个子区域与几个维诺单元相交。一旦 q 提交，就能先确定 q 所在的子区域 A_4，并在 DB_1 中通过 PIR 协议检索记录 A_4。客户端计算出 q 位于 S_2 单元中，并在 DB_2 中检索记录 B_2 来获取 S_2 的邻居维诺单元，即 S_1、S_3、S_4 和 S_5。客户端由此确定在 DB_3 中检索记录 C_1、C_2、C_3、C_4 和 C_5。这些记录提供了需要由客户端进行过滤的候选结果集，其中，O_2、O_3 和 O_6 需要被过滤掉。

设计成 3 个逻辑上的数据库有如下好处：①将服务点和对象点分开存储可以保证当数据集发生更新的时候，更新代价不会太大；②大大减少了冗余信息，从而提高了 PIR 的检索性能。例如，如果 DB_1 和 DB_2 合并存储为 DB_1'，那么在 DB_1' 不同的记录中会存储大量相同的邻居维诺单元的种子。

另外，数据库中一条记录占据一个数据页面的大小。如果不足一个页面，则需要添加一些假数据来补足。相反，如果数据超过一个数据页的大小，则生成一个新的数据页并存放在数据库的末尾，由一个溢出指针从当前页面指向新生成的页面。用 cnt_i 来表示 DB_i 中的单一记录需要的最大页面数。

6.2.2　基于不同空间划分的 PIR-BRNN 算法

从 6.2.1 节的介绍中发现，DB_2 依赖于服务点集，DB_3 依赖于对象点集，只有 DB_1 是独立于数据集的。因此只要两个数据集确定，DB_2 和 DB_3 就确定了。而 DB_1 依赖于空间划分模式。本节介绍 3 种空间划分算法，由此产生 3 个不同的索引结构。

1. 基于网格的划分

作为被广泛采用的空间划分模式，网格划分已经成功地应用到基于 PIR 的 kNN 查询中。首先介绍采用网格划分的方式来完成查询处理。给定一个 $n \times n$ 的网格，每个网格对应 DB_1 中的一条记录。对于任意的查询 $q(x,y)$，基于网格的划分方法能够帮助客户端直接定位 DB_1 中需要检索的记录，不需要事先从服务器获取索引结构。即给定整个空间和网格粒度，客户端可以直接定位记录。

图 6-9 展示了一个 2×2 的网格划分，假设其中每个页面最多可容纳 4 个种子。图 6-9 展示了在当前划分下的 DB_1。DB_1 中的每条记录存储了与当前网格单元重叠的所有维诺单元的种子。在本例中，每条记录只占用了 1 个页面。注意，如果页面不满，需要增加假数据填满完整的一个数据页面（阴影部分）。

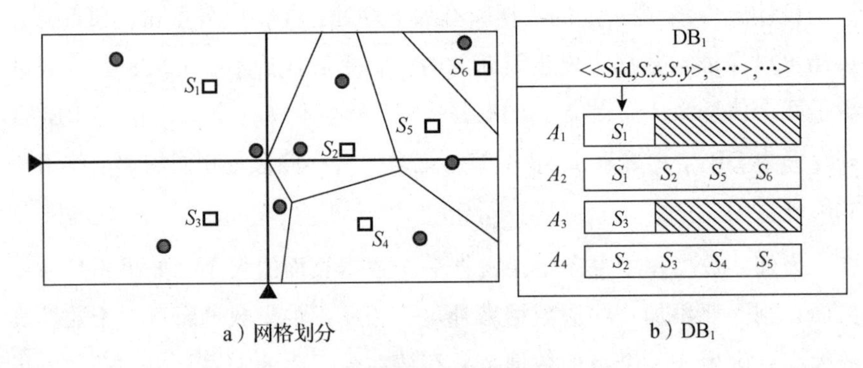

图 6-9　基于网格划分的 DB_1

基于网格划分的查询处理过程分为 3 个步骤，分别对应于 3 个数据库的 3 轮 PIR 访问。第一步，找到包含查询 q 的划分子区域。用网格索引帮助定位 DB_1 中包含查询 q 的记录。获取所有与该网格单元重叠的维诺单元种子。然后可以确定离查询 q 最近的种子，即 q 位于哪个维诺单元中。第二步，根据 q 所在的维诺单元，从 DB_2 中获取其邻居维诺单元的种子。基于这些种子，可以重新构建 q 的维诺单元。第三步，客户端获取 q 所在的维诺单元及其周围所有的维诺单元中包含的对象点，通过过滤得到真实的查询结果。

2. 基于 KD–树的划分

虽然基于网格的划分给客户端定位 DB_1 中的记录提供了极大的便利。但是该划分方式却导致了较低的空间利用率。如图 6-9b 所示，有两条记录仅仅存储了一个服务点的信息。因 PIR 的性能是随着数据库的增大而降低的，所以基于网格的划分方式会因为服务点的不均匀分布导致性能差。接下来，我们讨论利用 KD-树来划分空间并构建 DB_1。KD-树因其可以保证 50%的空间利用率，成为空间划分中广泛采用的方法之一。那么如何来利用 KD-树构建 DB_1 呢?

图 6-10a 展示了利用 KD-树对空间中的服务点进行划分的例子。KD-树将示例中的空间划分为两个子区域即 N_1 和 N_2。每个节点包含 3 个种子。因此，DB_1 有两条记录 N_1 和 N_2，每条记录存储与该节点相重叠的维诺单位的种子。注意：每个数据页面最多可以容纳 4 个种子的信息，图 6-10b 中第二条记录需要占用两个页面 A_2 和 A_3。

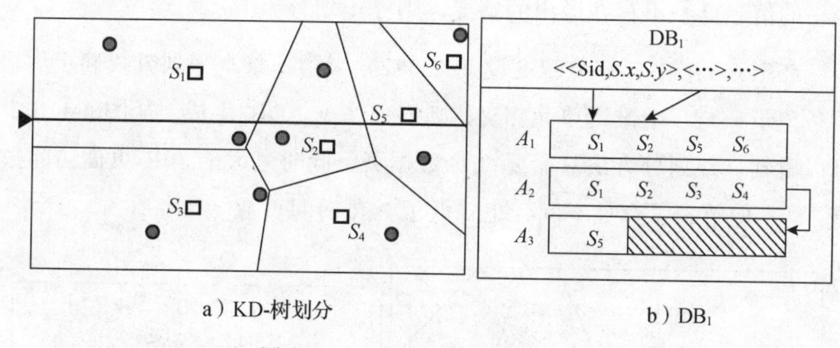

a）KD-树划分　　b）DB_1

图 6-10　基于 KD-树划分的 DB_1

算法的执行过程类似于基于网格划分的方法。首先，将 KD-树的划分情况事先发送到客户端，保证客户端根据查询的位置确定需要的数据位于哪个空间划分，并从 DB_1 检索相应的记录。然后，客户端可以确定查询位于哪个维诺单元中，并重新构建 q 的新维诺单元。最后，落在 q 维诺单元及邻居维诺单元内的候选对象作为查询结果返回，并由客户端过滤出最终 BRNN 的查询结果。

3. 基于自适应网格的划分

基于 KD-树划分的方法并不能保证对数据记录的均匀划分。虽然每个划分中的服务点数目可以看作均匀的，但是每个划分所重叠的维诺单元数目并不一定是均匀的。因此，DB_1 中的记录仍然可能占用太多的数据页而导致查询性能变差，如图 6-10b 中的 A_2。本小节中采用自适应网格划分方法来解决此问题。

网格划分方法的主要思想是对于维诺单元分布比较密集的区域进行细粒度划分，对于维诺单元分布比较稀疏的区域进行粗粒度划分。自适应方式可以避免 DB_1 中的单一记录中存储过多的种子。具体来说，假设整个空间以自适应的方式划分为 $n \times n$ 个网格。首先，需要依次确定 $n-1$ 条水平划分线划分出 n 个网格单元，每条水平划分线必须使得划分的两个网格单元覆盖的维诺单元数量差别最小。这可以通过标准的平面扫面算法得到。然后，按照同样的原理确定 $n-1$ 条垂直划分线将每一个网格再划分为 $n-1$ 个网格。在这个过程中，为了保证页面利用率，如果每个网格的信息已经不存在溢出的情况，则停止划分。

在图 6-11a 中，划分粒度设置为 2×2。当第一条水平划分线确定后，每条记录只与 3 个维诺单元相交，则划分停止，DB_1 生成。从图 6-11b 中可以看到，该划分方法只需要 2 个数据页，同时最大的 PIR 页面访问数是 1，不但节省了存储空间，也降低了 PIR 访问页数。

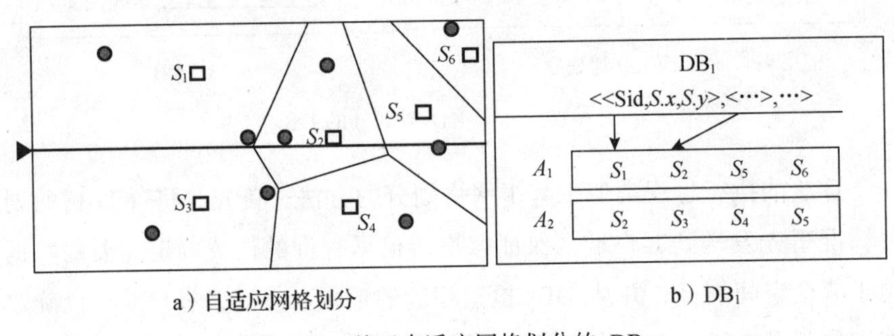

a）自适应网格划分　　b）DB_1

图 6-11　基于自适应网格划分的 DB_1

6.2.3 优化策略

本小节介绍优化方法，即将 DB_3 中的一些较小的记录合并存储到一个数据页。注意在 DB_3 中记录的缺省存储是给每个记录分配不同的数据页，这就导致了数据页的低利用率，使得 PIR 访问性能下降。本节基于查询计划提出了合并策略，将与 DB_2 中同一记录有关的 DB_3 中的记录合并。

如图 6-8 所示，最坏情况下（如 DB_2 中的 B_2）需要访问 DB_3 中 5 个数据页面来获取 5 个服务点的信息（即 S_2、S_1、S_3、S_4 和 S_5）。如果 DB_3 中的记录合并如图 6-12a 所示，则最坏情况下也仅需要 4 次 PIR 访问即可。

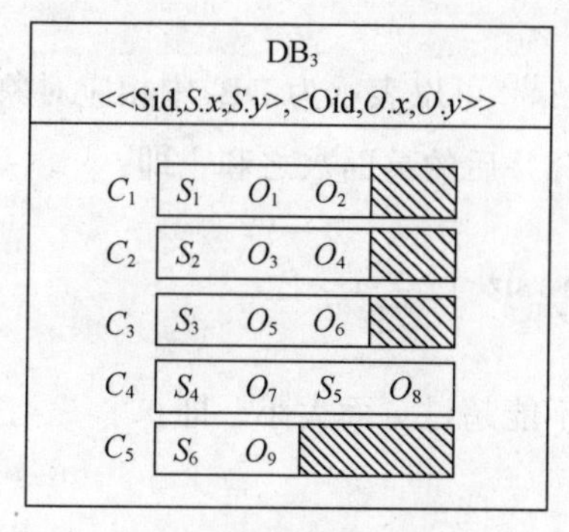

a）节省1次PIR访问次数

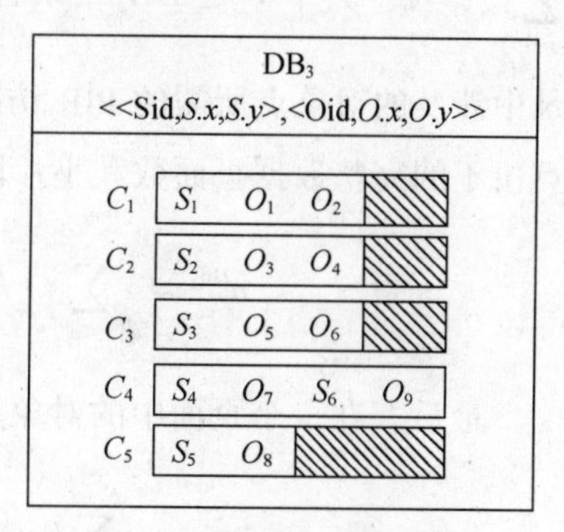

b）无法节省PIR访问次数

图 6-12　DB3 合并方式示例

合并策略的选择也是极为重要的。如果 DB_3 中的记录按照图 6-12b 中所示进行合并，对于 DB_2 中的 B_2 涉及的 5 个服务点，其信息在 DB_3 中仍然需要 5 次 PIR 访问才可获得。从而导致针对任意查询仍然需要 5 次 PIR 访问，并未从根本上提高查询性能。本节的优化方式尝试按照图 6-12a 所示的合并方式来提高查询性能，即尽量保证将与 DB_2 中同一记录有关的 DB_3 中的记录合并，具体如下所示。

令 N_{DB_2}、N_{DB_3} 分别表示 DB_2 和 DB_3 中的记录数。令 $e_i^{DB_2}$ 表示 DB_2 中第 i 条记录，$\{e_{i_1}^{DB_3}, e_{i_2}^{DB_3}, \cdots, e_{i_t}^{DB_3}\}$ 表示 DB_3 中与 $e_i^{DB_2}$ 相关的 t 条记录。B_m 表示 DB_3 中第 m 条记录的大小，该记录可能会占用多个数据页，其中 b_m 作为 B_m 中的一个小片段，表示为 $b_m=B_m\%\text{Page\_Size}$。注意，只有小片段才与其他的小片段打包。记录打包问题的形式化如下。

定义 6-2　记录合并问题：将 DB_3 中的记录合并，使得对于任意 $e_i^{DB_2}$，$\max_i \sum_{p=i_1}^{i_t} B_p$ 是最小的。文献[85]中证明了该问题是 NP-难问题。

为了设计近似算法，首先提出了整数规划问题，然后放松至线性规划问题。令变量 $y_{m,j}\in\{0,1\}$ 表示记录 $e_m^{DB_3}$ 是否存储在 DB_3 中的第 j 个页面，且 $x_{i,j}\in\{0, 1\}$ 表示所有记录 $e_m^{DB_3}=\{e_{i_1}^{DB_3}, e_{i_2}^{DB_3}, \cdots, e_{i_t}^{DB_3}\}(e_m^{DB_3}\in e_i^{DB_2})$

是否存储在第 j 个页面。另外，对于$\forall e_m^{\mathrm{DB}_3} \in e_i^{\mathrm{DB}_2}$，有 $x_{i,j} \geqslant y_{m,j}$。同时，$\sum_{j=1}^{P} y_{m,j} = 1$。其中 P 是 DB_3 中缺省排列的数据页个数。在 DB_2 的第 i 个记录中涉及的对象点所需的 PIR 访问次数 $n_i^{\mathrm{DB}_2}$可以表示为 DB_3 中相应对象点位于的完整数据页面数和小片段记录合并后的页面数之和，即：

$$n_i^{\mathrm{DB}_2} = \sum_{e_m^{\mathrm{DB}_3} \in e_i^{\mathrm{DB}_2}} \lfloor B_m / \mathrm{Page\_size} \rfloor + \sum_{j=1}^{P} x_{i,j}$$

最后，在一个页面中的对象点总数不能超过页面大小，即：

$$\sum_{m=1}^{N_{\mathrm{DB}_3}} b_m y_{m,j} \leqslant \mathrm{page\_size}$$

令 K 为 DB_2 中任意记录检索所需的最大 PIR 访问次数。可得到以下关于 K 的整数规划问题。

最小化 K，满足：

$$\sum_{e_m^{\mathrm{DB}_3} \in e_i^{\mathrm{DB}_2}} \lfloor B_m / \mathrm{page\_size} \rfloor + \sum_{j=1}^{P} x_{i,j}, \quad \forall 1 \leqslant i \leqslant N_{\mathrm{DB}_2}$$

$$\sum_{m=1}^{N_{\mathrm{DB}_3}} b_m y_{m,j} \leqslant \mathrm{page\_size}, \quad \forall 1 \leqslant j \leqslant P$$

$$x_{i,j} \geqslant y_{m,j}, \quad \forall 1 \leqslant i \leqslant N_{\mathrm{DB}_2}, \quad \forall e_m^{\mathrm{DB}_3} \in e_i^{\mathrm{DB}_2}$$

$$\sum_{j=1}^{P} y_{m,j} = 1, \quad \forall 1 \leqslant m \leqslant N_{\mathrm{DB}_2}, x_{i,j}, y_{m,j} \in \{0,1\}$$

以上整数规划问题可以分两步近似求解。第一步，放松为线性规划问题：$x_{i,j}$ 和 $y_{m,j}$ 是属于[0,1]的分数，即 $y_{m,j}$ 表示将记录 $e_m^{\mathrm{DB}_3}$ 存储在页面 j 的可能性，$x_{i,j}$ 表示将与 $e_i^{\mathrm{DB}_2}$ 相关的记录存储在页面 j 的可能性。第二步，采取随机取整 i 策略来获得可行的方案。以 $y_{m,j}$ 的概率将 DB_3 的第 m 条记录放置在第 j 个页面。如果页面溢出，则分配一个空的数据页直到该记录中的所有对象点都放置完毕。

6.3　隐私保护强度可调的有效空间查询

6.1 节和 6.2 节分别对 LBS 中基于路网和基于欧式空间的两大类应用研究了如何应用 PIR 方法保护查询隐私。在这两个工作中，定义了全局区域不可区分的强隐私保护目标，它要求攻击者对于任何用户在任何位置提出的查询不可区分，任意两个不同的查询执行代价是相同的。这导致所有的查询都必须按照预计算的查询计划来执行，部分查询的处理性能急剧下降。例如，对于某查询，预计算出的查询计划规定 cn_t=[10，12，8]。这表示对任意查询为了保证强隐私都需要从 LBS 端通过 PIR 接口检索 10 + 12+ 8 = 30 个数据页，即使整个空间范围内只有一个小区域的查询需要[10，12，8]的查询计划来得到结果，而大部分的查询只需要[1，1，1]就能得到查询结果。

本节在全局区域不可区分的基础上提出了等价区域不可区分，介绍相应的算法保证 LBS 查询中等价区域不可区分的强隐私保护目标，并介绍查询等价区域不可区分的查询算法。

6.3.1　问题定义

6.1 节和 6.2 节中提出的强隐私保护方法有如下技术共性：利用基于硬件的 PIR 技术在保证单数据页访问安全的基础上，设计合理的数据组织结构和查询计划，保证任意查询位置对于攻击者来说是全局区域不可区分的。在该安全查询处理框架下，这两节内容均是以全局不可区分为隐私保护目标。为了满足用户自定义隐私保护强度的需求并进一步提高查询性能，对应于全局区域不可区分的位置强隐私保护目标，本节进一步提出 α-等价区域不可区分的隐私目标。

定义 6-3　**α-等价区域不可区分**（α-Equivalence-Area Indistinguishability，α-EAI）：给定隐私参数 $\alpha(0<\alpha\leqslant 1)$，整个空间 D 可看作多个等价区域的集合，且每个等价区域的面积占整个空间 D 的比率大于 α。对于来自于任意等价区域的两个查询 q_0、q_1，客户端随机选择一个查询

$q_i(i\in\{0,1\})$，服务器执行安全查询处理协议。攻击者成功猜测出查询 q' 的概率不能高于一个随机值，即 $\Pr(q_i'=q_i)\leqslant\frac{1}{2}+\varepsilon(N)$ 其中，ε 是相对于安全参数 N 的一个不可忽略的值。

α-EAI 是 GI 的特殊形式。当 α=1 时，α-EAI 等价于 GI。6.1 节介绍了为了达到 GI 的隐私目标，要么是将整个数据集都存储在客户端，由客户端直接执行查询处理过程，要么借助 PIR 技术，通过预计算得到任意查询在每个数据库需要访问的最大 PIR 页面数来构建查询计划。这样，任意查询都可根据查询计划的规定相应地增加假页面访问来保证达到强隐私保护度。这两种方式中，前者因不适用于较大数据集或数据集的更新而不可行，后者在安全性上已经通过证明和实验验证，是一种可取的强隐私保护方式。

为了达到 GI 的隐私目标，对于仅需少量 PIR 页面访问就能得到查询结果的查询则需要增加大量的虚假页面检索，从而造成了较大的额外计算代价和通信代价。因此，本节介绍隐私强度可调的 α-EAI 隐私目标，通过放松 GI 中的查询计划设计规定，以实现平均查询性能的提高。值得注意的是，隐私参数 $\alpha(0<\alpha\leqslant 1)$值的大小可以由查询用户根据自已期望达到的隐私保护强度和查询性能自由直观地做出指定。

文献[85]证明了 α-EAI 的安全性。

定理 6-3 利用硬件 PIR 技术，对在等价区域中的任意查询执行相同的查询计划可以达到等价区域不可区分的隐私保护目标。

由定理 6-3 可知，对于任意 $\alpha\neq 1$，α-EAI 需要的总页面访问量肯定是小于等于 GI 的。很明显，后者将 D 中任意位置的查询所需要的最大 PIR 页面访问量作为查询计划。相反，前者只需将同一等价区域中的任意查询点需要的最大 PIR 页面访问量设置为查询计划即可。因此，α-EAI 在整体上减少了不必要的假 PIR 页面访问，带来了更实用的查询性能，尤其在数据集倾斜分布的时候效果更为显著。

6.3.2　基于 α-EAI 的空间查询隐私保护框架

1. α-EAI 隐私保护模型

该模型的主体思想是：基于所有查询在每轮数据库访问时根据真实需要的 PIR 访问页面数来划分等价区域。具体来说，令 N 表示所有查询点执行查询时对数据库进行的 PIR 访问页数的最大值。将$(0, N_{max})$这个范围划分为 m 个互不重叠的子范围(U_1, U_2)，(U_2, U_3)，…，(U_m, U_{m+1})，其中 $U_1=0$，$U_{m+1}=N_{max}$。对于查询 q，其真实需要的 PIR 页面访问数落在子范围$(U_i, U_{i+1}]$中时，就设定查询 q 在查询执行过程中需要访问 U_{i+1} 个页面，而不是 U_{m+1}。较 GI 的隐私保护模型来说，对单轮数据库的页面访问数就减少了 $U_{m+1}-U_{i+1}$ 个。

例如，对于空间 D，N_{max}=20，空间 D 分为 4 个子范围（0，5）、（5，10）、（10，15）、（15，20）。假设查询 q 所需的 PIR 页面访问数为 4，落在了子范围（0，5）内，按照 α-EAI 隐私保护框架，仅需 5 个页面访问即可。较 GI 的隐私保护模型共减少了 20−5=15 个页面访问数。

图 6-13 是基于 α-EAI 的隐私保护框架。框架依然包含两个部分：客户端和服务器。安全协处理器 SCOP 配置在服务器端。查询用户提出查询的时候，将查询内容连同自己的隐私保护强度参数 α 作为输入一同提交。在 SSL 安全链接的保护下，查询内容安全到达 SCOP，SCOP 根据预计算时制定的查询计划从数据组织 MonoDB 中获取相关数据再通过 SSL 安全链接发送给客户端。最终客户端根据得到的数据解密并过滤，最终得到查询结果。

框架的构建包含两大关键内容：预计算时构建数据组织 MonoDB 以及制定查询计划。数据组织的构建与 α 参数的设定并无直接关系，这里重点介绍查询计划的制订。满足 α-EAI 的隐私目标的查询计划的制订需要分②③④3 小步才能完成，即划分等价区域的最细粒度，生成等价区域及查询计划。其中步骤②需要依据步骤①构建的数据组织为基础来进行划分，步骤③④需要在①②的基础上依据参数 α 的值来生成。②③步都是为了生成查询计划而服务的。下面将介绍满足 α-EAI 的隐私目标的查询计划是如何制定的。

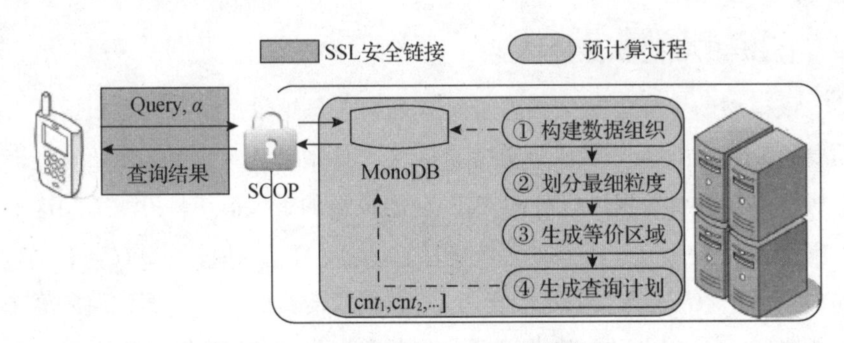

图 6-13　基于 α-EAI 的隐私保护框架

2. 生成候选等价区域

当数据组织确定后，可得到基于所有区域的查询所需要的最大 PIR 页面访问数 $N_{\max}$，如何确定若干个互不重叠的子范围呢？一共分两步。

第一步，计算查询计划相同的最细粒度区域划分。位于每个最细粒度区域内的查询需要相同数量的必要 PIR 页面访问。给定数据集以及相应的查询之后，最细粒度区域的划分和数据组织有关。以 6.2 节的双色反近邻查询为例，已经知道对 DB_1 的页面访问量和空间划分有关，对 DB_2 和 DB_3 的页面访问和维诺单元的划分有关。如图 6-14 所示，在维诺图上通过网格划分空间区域，一共有 10 个最细粒度的区域。维诺单元 S_1 被网格划分为两个更细粒度的区域，一个为左侧的矩形区域，另一个为右侧的倒三角形区域。同样，S_2、S_3 和 S_5 也被进一步划分为两个最细粒度区域。而 S_4 和 S_6 则不变，由自身组成最细粒度的区域。而图 6-14b 所示的例子是通过 KD-树对空间进行划分的情况，因为空间划分的不同导致了最细粒度区域划分的不同。在此情况下，一共可分为 9 个最细粒度区域。如此，位于最细粒度区域中的所有查询需要从 DB_1 访问相同数量的维诺单元，从 DB_2 和 DB_3 访问相同数量的数据条目。令 PIR_i 和 A_i 分别表示第 i 个最细粒度区域的必要的 PIR 访问页面以及面积。

第二步，生成候选等价区域。将必要的 PIR 页面访问数落于区间(U_i,

U_{i+1})中的最小粒度区域进行合并，合并后的候选等价区域面积表示为 $\sum_{\text{PIR}\in(U_i,U_{i+1})} A_i$，且位于该候选等价区域的任意查询在执行过程中都会固定 PIR 页面访问次数为 U_{i+1}。因此，在候选等价区域中的任意查询对于攻击者来说，可以达到 α 取某个值时的等价区域不可区分的隐私保护目标。

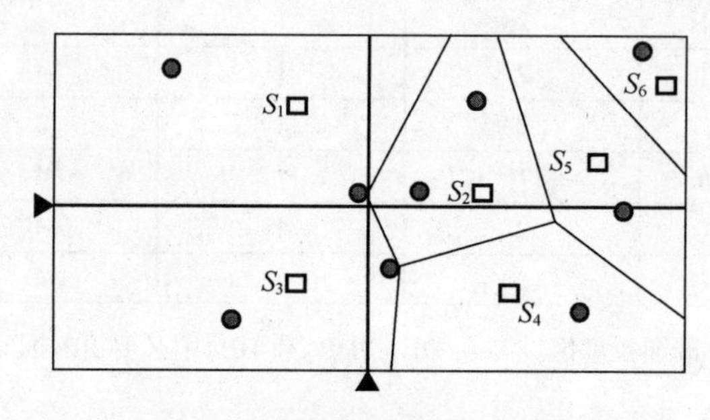

a）基于网格的最细粒度区域划分

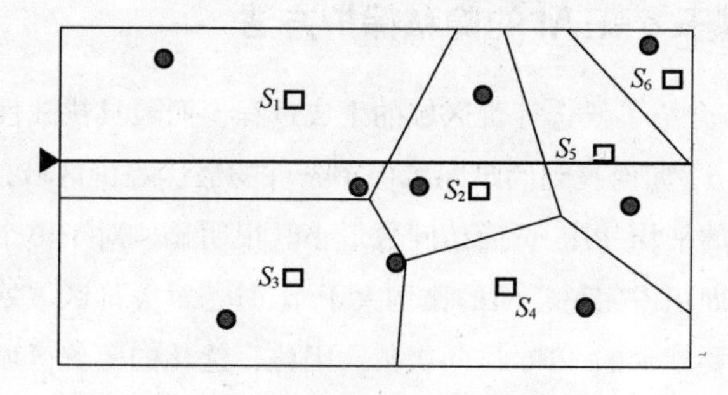

b）基于KD-树的最细粒度区域划分

图 6-14　划分最细粒度区域

以图 6-14 为例，假设每个最细粒度区域内的查询在 3 个数据库中必需的 PIR 页面访问数分别如图 6-15 所示。在 GI 隐私目标下，每个查询需要的 PIR 页面访问数均为 $N_{\max\_\text{DB}_1}+N_{\max\_\text{DB}_2}+N_{\max\_\text{DB}_2}=2+2+5=9$。如果仅对每轮访问页面数相同的区域进行合并，即按照（0，1）、（1，2）、（2，3）、（3，4）、（4，5）来进行合并。那么，最后一共可以生成 6 个合并后的候选等价区域分别是{$S_{1\text{-左}}$}、{$S_{1\text{-右}}$}、{$S_{2\text{-上}}$、$S_{2\text{-下}}$}、{$S_{5\text{-上}}$，$S_{5\text{-下}}$，$S_{3\text{-右}}$，S_4}、{S_6}、{$S_{3\text{-左}}$}。在这种合并模式下，6 个候选等价区域中的查询所需 PIR 次数分别减少了 4、3、0、2、4、3 次。当然，合并方式的不同也会影响查询性能。

等价区域	DB_1页面访问数	DB_2页面访问数	DB_3页面访问数
S_1-左	1	1	3
S_1-右	2	1	3
S_2-上	2	2	5
S_2-下	2	2	5
S_5-上	2	1	4
S_5-下	2	1	4
S_6	2	1	2
S_3-左	1	1	4
S_3-右	2	1	4
S_4	2	1	4

图 6-15 最细粒度区域与在 DB_1、DB_2 和 DB_3 中必要 PIR 页面访问数

6.3.3 基于 α-EAI 的隐私保护方法

6.3.2 节介绍了候选等价区域的生成过程。而最具挑战性的问题是给定隐私参数 α，如何找到满足隐私保护条件的最优等价区域，可以保证所有查询所需的平均 PIR 页面访问数最小。很明显，对于整个空间来说，当等价区域面积占完整空间的比例大于 α 时，对等价区域划分的粒度越细，就会需要越少的 PIR 访问次数。因此，优化的等价区域生成问题可以看作线性规划问题。

定义 6-4 **优化等价区域生成问题**：给定隐私参数 α，优化等价区域生成问题要获得一个最优区间的集合$(U_1, U_2], (U_2, U_3],\cdots,(U_m, U_{m+1}]$，满足下式取值最小：

$$\sum_{i}\sum_{\mathrm{PIR}_j\in(U_i,U_{i+1}]} A_j U_{i+1}$$

且满足以下条件：

$$\forall i, \sum_{\mathrm{PIR}_j\in(U_i,U_{i+1}]} A_j \geqslant \alpha$$

为了获得最优区间，一个最朴素的方式是枚举区间$(0, N_{\max}]$的全部划分方式，并对每种划分方式衡量其每个划分中查询区域的 PIR 访问数，并找到总 PIR 访问数最小的区间划分方式。然而，该枚举判断次数是指

数级的：$2^{N_{\max}}$，在实际应用中消耗的代价是不能接受的。

最优区间划分具备如下性质。

定理 6-4　如果针对 U_1 到 U_{m+1} 次 PIR 访问的查询区域的最优划分方式将这些查询区域分成两部分：第一部分，需要 U_1 到 U_k 次 PIR 访问的查询区域使用 U_k 次 PIR 访问；第二部分，需要 U_k 到 U_{m+1} 次 PIR 访问的查询区域使用 U_{m+1} 次 PIR 访问。那么在最优划分中，那些需要 U_1 到 U_{m+1} 次 PIR 的查询区域一定也被分成这两个区域。

基于以上递归的性质，可采用基于动态规划的算法来确定等价区域的最优划分方式。首先，用 $t[i, j]$表示区间$(i, j]$是否应该分裂。如果区间$(i, j]$应在 k 处分裂（即分裂为$(i, k]$和$(k, j]$），则 $t[i, j]$赋值为 k。否则，赋值为空。这样，每个区间都被做了“不分裂”的标记，或者第一次分裂的位置。然后，采用深度优先遍历的方式来获得全局的最优划分策略，该划分可以保证优化目标最小化。确定最优划分之后，每个最优划分就是一个满足 α-EAI 隐私条件的等价区域。

6.4　小结

LBS 应用通过其距离度量方式可以分为基于路网的应用和基于欧式空间的应用。6.1 节研究了如何将 PIR 技术应用到路网中的一类基础应用，即基于路网环境的近邻查询。现有的路网近邻查询的隐私保护方法一般将用户提交的当前查询位置扩大成一个匿名区域，使得服务器无法获得用户的精确位置。但这仍然泄露了用户的当前查询位置所属的空间范围，使攻击者至少可以掌握用户经常出现的区域等隐私信息。针对路网环境中的 k-最近邻查询介绍了安全查询处理框架，保证任何用户发出的查询对于攻击者来说都是无法区分的，从而使得攻击者不能掌握任何关于用户的敏感位置信息。为了加快查询处理速度，进一步介绍了基于路网维诺图的查询处理方法，并制定了高效的查询计划。

6.2 节研究了如何将 PIR 应用于基于欧氏空间中的双色反最近邻查询。同路网环境中的最近邻查询一样，用户在提交查询时，需要向 LBS 提交用户当前的位置信息，从而造成了用户敏感位置信息的泄露。6.2 节为双色反近邻查询提出安全查询处理方法保证了严格的强隐私。同时为了加快查询处理速度，我们设计了基于欧氏空间维诺图的查询处理方法并制定了高效的查询计划，并进一步提出了基于记录合并的优化方法来提高查询处理性能。

6.3 节将 6.1 节和 6.2 节提出的强隐私保护目标进行一般化，介绍了一种隐私保护强度可调节的 α-等价区域不可区分的隐私保护目标，要求攻击者在 α 大小的空间内无法区分任意两个用户提出的查询。6.1 节和 6.2 节的全局区域不可区分是 6.3 节中 α-等价区域不可区分的一种特殊情况。最后，以欧氏空间上的双色反最近邻查询为例，说明了动态规划算法在保证强隐私保护目标的同时最大化查询性能。

‖参考文献

[1] Anguelov D，Dulong C，Filip D，et al. Google Street View：Capturing The World at Street Level[J]. Computer，2010，43(6)：32-38.

[2] Narayanan A，Shmatikov V. Robust De-anonymization of Large Sparse Datasets[C]. In Proceedings of IEEE Symposium on Security and Privacy(S&P)，2008：111-125.

[3] Civilis A，Jensen C S，Pakalnis S. Techniques for Efficient Road-network-based Tracking of Moving Objects[J]. IEEE Trans. on Knowledge and Data Engineering，2005，17(5)：698-712.

[4] Chor B，Goldreich O，Kushilevitz E，et al. Private Information Retrieval[J]. Journal of the ACM，1998，45(6)：965-981.

[5] Eddy S R. Hidden Markov Models[J]. Current Opinion in Structural Biology，1996，6(3)：361-365.

[6] Gedik B，Liu L. A Customizable *k*-anonymity Model for Protecting Location Privacy[EB/OL]. https://smartech.gatech.edu/bitstream/handle/1853/100/git-cercs-04-15. pdf;jsessionid=FC0FA9422D52E947651B4E565E690BE1. smart1?sequence=1.

[7] Gedik B，Liu Ling. Protecting Location Privacy with Personalized *k*-anonymity：Architecture and Algorithms[J]. IEEE Trans. on Mobile Computing，2008，7(1)：1-18.

[8] Gruteser M，Grunwald D. Anonymous Usage of Location-based Services Through Spatial and Temporal Cloaking[C]. In Proceedings of the International Conference on Mobile Systems，Applications，and Services (MobiSys 2003). Scan Francisco，USA，2003：163-168.

[9] Goldreich O，Goldwasser S，Micali S. How to Construct Random Functions[J]. Journal of the ACM，1986，33(4)：792-807.

[10] Ghinita G, Kalnis P, Khoshgozaran A, et al. Private Queries in Location Based Services：Anonymizers Are Not Necessary[C]. In Proc. of the 2008 ACM SIGMOD Int'l Conf. on Management of Data. Vancouver，2008：121-132.

[11] Götz M，Nath S，Gehrke J. MaskIt：Privately Releasing User Context Streams for Personalized Mobile Applications[C]. In Proc. of the 2012 ACM SIGMOD Int'l Conf. on Management of Data. Scottsdale：ACM，2012. 289-300.

[12] Goldreich O，Ostrovsky R. Software Protection and Simulation on Oblivious RAMs[J]. Journal of the ACM，1996，43(3)：431-473.

[13] Mokbel M F，Chow C，Aref W G. The New Casper：Query Processing for Location Services without Compromising Privacy[C]. In Proceedings of the International Conference on Very Large Data Bases(VLDB'06). Seoul，Korea：VLDB，2006：763-774.

[14] 霍峥，孟小峰. 轨迹隐私保护技术研究[J]. 计算机学报，2011，34(10)：1820-1830.

[15] Kido H，Yanagisawa Y，Satoh T. Protection of Location Privacy Using Dummies for Location-based Services[C]. In Proc. of the 21st Int'l Conf. on Data Engineering. Tokyo：IEEE，2005：1248-1248.

[16] Kim E，Helal S，Cook D. Human Activity Recognition and Pattern Discovery[J]. Pervasive Computing，2010，9(1)：48-53.

[17] Kato R, Iwata M, Hara T, et al. A Dummy-based Anonymization Method Based on User Trajectory with Pauses[C]. In Proc. of the 20th ACM SIGSPATIAL Int'l Conf. on Advances in Geographic Information Systems. Redondo，2012：249-258.

[18] Khoshgozaran A，Shahabi C. Blind Evaluation of Nearest Neigh borqueries Using Space Transformation to Preserve Location Privacy [C]. In Proceedings of the 10th International Symposium(SSTD)，2007：599-634.

[19] Khoshgozaran A，Shahabi C，Shirani-Mehr H. Location privacy：Going Beyond *K*-anonymity，Cloaking and Anonymizers[J]. Knowledge and Information Systems. 2011，26(3)：435-465.

[20] Khoshgozaran A，Shirani-Mehr H，Shahabi C. Blind Evaluation of Location Based Queries Using Space Transformation to Preserve Location Privacy[J]. Geoinformatica. 2013，17(4)：599-634.

[21] Kushilevitz E, Ostrovsky R. Replication is not needed：single database, computationally-private information retrieval//In：Proc. of the 38th Annual Symp. on Foundations of Computer Science. Washington：IEEE, 1997. 364-373.

[22] Mouratidis K, Yiu M L. Shortest Path Computation with No Information Leakage[C]. Proc. of the VLDB Endowment，2012，5(8)：692-703.

[23] 王璐，孟小峰. 位置大数据隐私研究综述[J]. 软件学报，2014，25(4)：693-712.

[24] 徐建良. 隐私何价？位置大数据与隐私保护[C]. 苏州："普适大数据理解"学术研讨会，2013.

[25] Yigitoglu E，Damiani M L，Abul O，et al. Privacy-Preserving Sharing

of Sensitive Semantic Locations under Road-network Constraints[C]. In Proc. of the 13th IEEE Int'l Conf. on Mobile Data Management (MDM). Bengaluru，2012：186-195.

[26] Papadopoulos S，Bakiras S，Papadias D. Nearest Neighbor Search with Strong Location Privacy[C]. Proc. of the VLDB Endowment，2010，3(1/2)：619-629.

[27] Parate A，Chiu M C，Ganesan D，et al. Leveraging Graphical Models to Improve Accuracy and Reduce Privacy Risks of Mobile Sensing[C]. In Proc. of the 11th Annual Int'l Conf. on Mobile System, Applications, and Services. New York：ACM，2013：83-96.

[28] Palanisamy B，Liu Ling. Mobimix：Protecting Location Privacy with Mix-zones Over Road Networks[C]. In Proc. of the 27th Int'l Conf. on Data Engineering (ICDE). Hannover：IEEE，2011：494-505.

[29] Pan Xiao，Xu Jianliang，Meng Xiaofeng. Protecting Location Privacy Against Location-dependent Attacks in Mobile Services[J]. IEEE Trans. on Knowledge and Data Engineering，2012，24(8)：1506-1519.

[30] 潘晓，肖珍，孟小峰，位置隐私研究综述[J]. 计算机科学与探索，2007，1(3)：268-281.

[31] Suzuki A，Iwata M，Arase Y，et al. A User Location Anonymization Method for Location Based Services in a Real Environment[C]. In Proc. of the 18th ACM SIGSPATIAL Int'l Symp. on Advances in Geographic Information Systems. Sana Jose：ACM，2010：398-401.

[32] Sousa M，Techmer A，Steinhage A，et al. Human Tracking and Identification Using a Sensitive Floor and Wearable Accelerometers [C]. In Proc. of the IEEE Int'l Conf. on Pervasive Computing and Communications (PerCom). San Diego：IEEE，2013：166-171.

[33] Schiller J，Voisard J A. Location-based Services[M]. Elsevier Science Ltd，2004.

[34] Tsai J, Kelley P G, Cranor L F, et al. Location-Sharing Technologies: Privacy Risks and Controls[M]. Social Science Electronic Publishing, 2009.

[35] Ugolotti R, Sassi F, Mordonini M, et al. Multi-sensor System for Detection and Classification of Human Activities[J]. Journal of Ambient Intelligence and Humanized Computing, 2013, 4(1): 27-41.

[36] Kuenzer A, Schlick C, Ohmann F, et al. An Empirical Study of Dynamic Bayesian Networks for User Modeling[EB/OL]. http://www.research.rutgers.edu/~sofmac/ml4um/mirrors/ml4um-2001/papers/AK.pdf.

[37] Hu Haibo, Xu Jianliang, Pei Kexin, et al. Private Search on Key-value Stores with Hierarchical Indexes[C]. In Proceedings of the 30th International Conference on Data Engineering(ICDE). 2014: 628-639.

[38] Bamba B, Liu Ling. Privacy Grid: Supporting Anonymous Location Queries in Mobile Environments [R]. Atlanta: Georgia Institute of Technology, 2007.

[39] Cheng R, Zhang Yu, Bertino E, et al. Preserving User Location Privacy in Mobile Data Management Infrastructures[C]. In Proceedings of Privacy Enhancing Technology Workshop(PET'06). Cambridge, United Kingdom, 2006: 393-412.

[40] Chow C, Mokbel M F. Enabling Privacy Continuous Queries for Revealed User Locations[C]. In Proceedings of 10th the International Symposium on Advances in Spatial and Temporal Databases (SSTD07). Boston, MA, USA, 2007: 239-257.

[41] Damiani M, Bertino E, Silverstri C. The Probe Framework for the Personalized Cloaking of Private Locations[J]. Transactions on Data Privacy, 2010(3): 123-148.

[42] Dewri R, Ray I, et al. Query *m*-invariance Preventing Query Desclosures

in Continuous Locationbased Services[C]. In Proceedings of Eleventh International Conference on Mobile Data Management (MDM). 2010.

[43] Ghinita G, Kalnis P, Skiadopoulos S. PRIVE: Anonymous Location Based Queries in Distributed Mobile Systems[C]. In Proceedings of International Conference on World Wide Web(WWW 2007). Banff, Alberta, Canada, 2007: 1-10.

[44] Gedik B, Liu Ling. Location Privacy in Mobile Systems: a Personalized Anonymization Model[C]. In Proc. of the International Conference on Distributed Computing Systems (ICDCS 2005). 2005: 620-629.

[45] Hu Haibo, Xu Jianliang, et al. Privacy-aware Location Data Publishing [J]. ACM Trans. Database Systems, 2010, 35(3): 1-42.

[46] Krishnamachari B, Ghinita G, Kalnis P. Privacy-preserving Publication of User Locations in The Proximity of Sensitive Sites [C]. In Proc. of the 20th International Conference on Scientific and Statistical Database Management (SSDBM), 2008: 95-113.

[47] Liu Ling. From Data Privacy to Location Privacy: Models and Algorithms[C]. In Proceeding of The 33rd International Conference on Very Large Data Bases(VLDB 2007). Vienna, Austria, 2007: 1429-1430.

[48] Li P Y, Peng W C, Wang T W, et al. A Cloaking Algorithm Based on Spatial Networks for Location Privacy[C]. International Conference on Sensor Networks, Ubiquitous, and Trustworthy Computing, 2008: 90-97.

[49] Mouratidis K, Yiu M L. Anonymous Query Processing in Road Networks[J]. IEEE Trans. Knowl. Data Eng., 2009, 22(1): 2-15.

[50] Wang Ting, Liu Ling. Privacy Aware Mobile Services over Road Networks[C]. In Proceedings of the 35nd International Conference on Very Large Data Bases (VLDB). Lyon, France: VLDB, 2009: 1042-1053.

[51] Sweeney L. *k*-anonymity：A Model for Protecting Privacy[J]. International Journal on Uncertainty，Fuzziness and Knowledge-based Systems，2002，10(5)：557-570.

[52] Xue Mingqiang，Kalnis P，Pung H K. Location Diverse：Enhanced Privacy Protection in Location Based Services [C]. Proc. 4th Symposium on Location and Context Awareness (LoCA). Tokyo：Springer 2009：70-87.

[53] Xiao Zhen，Xu Jianliang，Meng Xiaofeng. P-Sensitivity：a Semantic Privacy Protection Model for Location Based Services[C]. In Proc. of Ninth International Conference on Mobile Data Management Workshops (MDM-PALM). Beijing，China，2008：47-54.

[54] Tang Xueyan，Xu Jianliang，Du Jing. Privacy-Conscious Location Based Queries in Mobile Environments[C]. IEEE Transactions on Parallel and Distributed Systems (TPDS). NJ：IEEE，2010：313-326.

[55] Yiu M L，Jensen C S，Huang X，et al. SpaceTwist：Managing the Trade-offs among Location Privacy，Query Performance，and Query Accuracy in Mobile Services[C]. Proceedings of the IEEE International Conference on Data Engineering (ICDE 2008). Cancun，Mexico：IEEE，2008：366-375.

[56] Hu Haibo，Xu Jianliang，et al. Ng：privacy-aware Location Data Publishing[J]. ACM Trans. Database Syst，2010，35(3)：53-56.

[57] Cheng R，Zhang Yu，Bertino E，et al. Preserving User Location Privacy in Mobile Data Management Infrastructures[C]. In Proceedings of Privacy Enhancing Technology Workshop(PET'06). Cambridge，United Kingdom，2006：393-412.

[58] Atallah M J，Du W. Secure Multi-party Computational Geometry[C]. In Procceedings of the 7th International Workshop on Algorithms and Data Structures，USA，2001：165-179.

[59] Chow C，Mokbel M F，Liu Xuan. A Peer-to-peer Spatial Cloaking Algorithm for Anonymous Location Based Services[C]. Proceedings of the Annual ACM International Symposium on Advances in Geographic Information Systems (GIS06). Virginia，USA：ACM，2006：171-178.

[60] Ding C Q，He Xiaofeng. *K*-Nearest-Neighbor Consistency in Data Clustering：Incorporating Local Information into Global Optimization [C]. In Proceedings of the ACM Symposium on Applied Computing (SAC). 2004：584-589.

[61] Hu Haibo，Xu Jianliang. Non-exposure Location Anonymity[C]. In Proceedings IEEE 25th International Conference on Data Engineering (ICDE 2009). Shanghai，China：IEEE 2009：1120-1131.

[62] Pan Xiao，Meng Xiaofeng. Preserving Location Privacy without Exact Locations in Mobile Services[J]. Frontiers of Computer Science，2013，7(3)：317-340.

[63] Solanas A，Martinez-Balleste A. Privacy Protection in Location Based Services through a Public-key Privacy Homomorphism[C]. Proceedings of the European PKI Workshop，Theory and Practice，Lecture Notes in Computer Science. Palma de Mallorca，Spain：Springer，2007：362-368.

[64] Solanas A，Martinez-Balleste A. A TTP-free Protocol for Location Privacy in Location-based Services[J]. Computer Communications，2008，31(6)：1181-1191.

[65] Xiao Zhen，Meng Xiaofeng，Xu Jianliang. Quality Aware Privacy Protection for Location Based Services[C]. In Proceedings of the 12th International Conference on Database Systems for Advanced Applications (DASFAA 2007). Bangkok，Thailand：Springer，2007：434-446.

[66] Gedik B，Liu Ling. Location Privacy in Mobile Systems：a Personalized Anonymization Model[C]. Proceeding of the International Conference on Distributed Computing Systems (ICDCS)，Columbus，OH，USA：

IEEE，2005：620-629.

[67] An Annotated List of Selected NP-complete Problems[EB/OL]. http://www.csc.liv.ac.uk/~ped/teachadmin/COMP202/annotated_np. html, 2010.

[68] Atallah M J. Algorithms and Theory of Computation Handbook[M]. CRC Press，1998.

[69] Abul O，Bonchi F，Nanni M. Never Walk Alone：Uncertainty for Anonymity in Moving Objects Databases[C]. In Procceedings of 24th International Conference on Data Engineering (ICDE 2008). Cancun，Mexico：IEEE，2008：376-385.

[70] Ghinita G, Damiani M L, Silvestri C, Preventing Velocity-based Linkage Attacks in Location-Aware Applications[C]. In Proceedings of the ACM SIGSPATIAL International Conference on Advances in Geographic Information Systems 2009 (ACM GIS 2009). Seattle, Washington, USA：ACM，2009：246-255.

[71] Huo Zheng, Meng Xiaofeng, Hu Haibo. You Can Walk Alone: Trajectory Privacy-preserving Through Significant Stays Protection[C]. In Proceedings of the 17th International Conference on Database Systems for Advanced Applications (DASFAA 2012). Busan，South Korea：Springer，2012：351-366.

[72] KaufuMann L，Rousseeuw P. Clustering by Means of Mediods[J]. Statistical Data Analysis based on the L1-Norm and Related Methods. North-Holland，1987：405-416.

[73] Li Yifan，Han Jianwei. Clustering Moving Objects[C]. In Proceedings of the Tenth ACM International Conference on Knowledge Discovery and Data Mining(SIGKDD 2004). Seattle, WA: ACM, 2004: 617-622.

[74] Nergiz M E, Atzori M, Saygin Y et al. Towards Trajectory Anonymization: a Generalization-based Approach[J]. Transactions on Data Privacy, 2009, 2：47-75.

[75] Pan Xiao, Meng Xiaofeng, Xu Jianliang. Distortion-based anonymity for continuous queries in location-based mobile services[C]. Proceedings of the 17th ACM SIGSPATIAL International Conference on Advances in Geographic Information Systems. Washington: ACM, 2009: 256-265.

[76] Yarovoy R, Bonchi F, Lakshmanan L, et al. Anonymizing Moving Objects: How to Hide a MOB in a Crowd?[C]. In Proceedings of the 12th International Conference on Extending Database Technology: Advances in Database Technology (EDBT 2009). Saint-Petersburg, Russia: ACM, 2009: 72-83.

[77] Janee G. Spatial Similarity Functions[EB/OL]. http://alexandria.sdc.ucsb.edu/simgjanee/archive/2003/similarity. html.

[78] Du Yang. Privacy-Aware RNN Query Processing on Location- Based Services[C]. In Proceedings of the 8th International Conference on Mobile Data Management(MDM). Mannheim: IEEE, 2007: 253-257.

[79] Hu Haibo, Lee D L. Range Nearest-Neighbor Query[J]. IEEE Transactions on Knowledge and Data Engineering (TKDE), 2006, 18(1): 843-854.

[80] Kolahdouzan M, Shahabi C. Voronoi-Based *k*-Nearest Neighbor Search for Spatial Network Databases[C]. In Proceedings of the 30th International Conference on Very Large Data Bases(VLDB). Toronto: VLDB, 2004: 840-851.

[81] Montjoye Y A D, Hidalgo C A, Verleysen M, et al. Unique in the Crowd: The Privacy Bounds of Human Mobility[J]. Open Access Publications from Université Catholique De Louvain, 2013, 3(6): 776-776.

[82] Um J-H, Kim Y-K, Lee H-J, et al. *k*-Nearest Neighbor Query Processing Algorithm for Cloaking Regions towards User Privacy. Protection in Location-based Services[J]. Journal of Systems Architecture- Embedded Systems Design(JSA), 2012, 58(9): 354-371.

[83] Wang Lu, Meng Xiaofeng, Hu Haibo, et al. Bichromatic Reverse Nearest

Neighbor Query without Information Leakage[C]. In Proceedings of the 20th International Conference on Database Systems for Advanced Applications (DASFAA). 2015：609-624.

[84] Wang Lu，Ma Ruxia，Meng Xiaofeng. Evaluating *k*-Nearest Neighbor Query on Road Networks with No Information Leakage[C]. In Proceedings of the 16th International Conference on Web Information Systems Engineering (WISE). 2015：508-521.

[85] 王璐. LBS 查询强隐私保护技术[D]. 北京：中国人民大学，2016.

[86] Lafferty J，McCallum A，Pereira F C N. Conditional random fields：Probabilistic Models for Segmenting and Labeling Sequence Data[C]. In Brodley CE, ed. Proc. of the 18th Int'l Conf. on Machine Learning. San Francisco：Morgan Kaufmann Publishers. 2001：282-289.

[87] Xiao Pan, Neizhang Chen, Lei Wu, et al. Protecting Personalized privacy against sensitivity homogeneity attacks over road networks in mobile services[J]. Frontiers of Computer Science，2016，10(2)：370-396.

推荐阅读

大数据管理概论

作者：孟小峰 ISBN：978-7-111-56440-9 定价：69.00元

前言（节选）：

陈寅恪先生说："一时代之学术，必有其新材料与新问题。取用此材料，以研求问题，则为此时代学术之新潮流。治学之士，得预于此潮流者，谓之预流（借用佛教初果之名）。其未得预者，谓之未入流。"对今天的信息技术而言，"新材料"即为大数据，而"新问题"则是产生于"新材料"之上的新的应用需求。

对数据库领域而言，真正的"预流"是 Jim Gray 和 Michael Stonebraker等大师们。十三年前面对"数据库领域还能再活跃 30 年吗"这一问题，Jim Gray 给出的回答是："不可能。在数据库领域里，我们已经非常狭隘。"但他转而回答到："SIGMOD 这个词中的 MOD 表示'数据管理'。对我来说，数据管理包含很多工作，如收集数据、存储数据、组织数据、分析数据和表示数据，特别是数据表示部分。如果我们还像以前一样把研究与现实脱离开来，继续保持狭隘的眼光审视自己所做的研究，数据库领域将要消失，因为那些研究越来越偏离实际。现在人们已经拥有太多数据，整个数据收集、数据分析和数据简单化的工作就是能准确地给予人们所要的数据，而不是把所有的数据都提供给他们。这个问题不会消失，而是会变得越来越重要。如果你用一种大而广的眼光看，数据库是一个蓬勃发展的领域"。

推荐阅读

异构信息网络挖掘：原理和方法

作者：孙艺洲 等 ISBN：978-7-111-54995-6 定价：69.00元

大规模元搜索引擎技术

作者：孟卫一 等 ISBN：978-7-111-55617-6 定价：69.00元

大数据集成

作者：董欣 等 ISBN：978-7-111-55986-3 定价：79.00元

云数据管理：挑战与机遇

作者：迪卫艾肯特·阿格拉沃尔 等 ISBN：978-7-111-56327-3 定价：69.00元

推荐阅读

移动数据挖掘

作者：连德富 等 ISBN：978-7-111-56256-6 定价：69.00元

短文本数据理解

作者：王仲远 ISBN：978-7-111-55881-1 定价：69.00元

位置大数据隐私管理

作者：潘晓 等 ISBN：978-7-111-56213-9 定价：69.00元

个人数据管理

作者：李玉坤 等 ISBN：978-7-111-56106-4 定价：69.00元